ZEITSCHRIFT FÜR ANGEWANDTE GEOLOGIE

HERAUSGEGEBEN VON

DER STAATLICHEN GEOLOGISCHEN KOMMISSION

UND DER ZENTRALEN VORRATSKOMMISSION

DER DEUTSCHEN DEMOKRATISCHEN REPUBLIK

AUS DEM INHALT

AKADEMIE-VERLAG · BERLIN

BAND 7 / HEFT 11
NOVEMBER 1961
SEITE 553–608

	INHALT	СОДЕРЖАНИЕ	CONTENTS	

Die ZEITSCHRIFT FÜR ANGEWANDTE GEOLOGIE berichtet ständig über folgende Arbeitsgebiete: Geologische Grundlagenforschung und Lagerstättenforschung / Methodik der geologischen Erkundung / Ökonomie und Planung der geologischen Erkundung / Technik der geologischen Erkundung / Geologie und Lagerstättenkunde im Ausland. In der Zeitschrift können alle strittigen Fragen der praktischen Geologie behandelt werden. Die Autoren übernehmen für ihre Aufsätze die übliche Verantwortung.

ZEITSCHRIFT FÜR ANGEWANDTE GEOLOGIE

KOLLEKTIVE CHEFREDAKTION

BAND 7 · NOVEMBER 1961 · HEFT 11

Vorratseinschätzung perspektivischer und prognostischer Felder in gefalteten erdöl- und gasführenden Gebieten[1]

M. W. ABRAMOWITSCH, UdSSR

Der Grad der Vorbereitung für den Abbau einer Erdöl- und Gasakkumulation (Lager) aus bekannten Flächen wird ausgedrückt durch die Vorratsklasse, die für dieses Feld berechnet wurde. Diese Klassen sind von der Staatlichen Vorratskommission festgelegt worden und erhielten die bekannten Bezeichnungen A, B, C_1 und C_2. Die industriellen Vorräte der Klassen A und B liegen der Planung für die Förderung und für die Kapitalinvestitionen zugrunde. Die vermuteten Vorräte (C_1) können die Grundlage für die Perspektivplanung der Förderung nach Ausführung der notwendigen Erkundungsarbeiten bilden. Die perspektivischen Vorräte (C_2) dienen der Entwicklung der Volkswirtschaft und der Weiterführung der geologischen Erkundungsarbeiten (M. A. SHDANOW, W. G. LISSUNOW, A. W. WJELITSCHKO & F. A. GRISCHIN 1959).

Die industriellen Vorräte werden nach konkreten Unterlagen aus den Bohrungen, der Probeentnahme und der Förderung aus den Sonden berechnet. Bei den vermuteten und perspektivischen Vorräten dagegen fehlen diese erwähnten Daten und damit die Gesamtheit ihrer Resultate. Somit können sie nur auf Grund von Analogieschlüssen zu bereits erkundeten Feldern annähernd geschätzt werden.

Es ist verständlich, daß die Vorstellungen über die genaue Lage und den Umfang der Vorräte in perspektivischen Feldern innerhalb eines bekannten geologischen Gebietes von dem Grad der geologischen Erforschtheit abhängen. Dieser verändert sich mit der Erweiterung und Vertiefung des Wissens über den Aufbau dieses Gebietes. Verschiedene Bezirke sind mit unterschiedlicher Genauigkeit erkundet. Die Angaben über die perspektivischen Felder in ihnen sind mehr oder weniger genau. Daraus resultiert die Notwendigkeit, der verschiedenen Bewertung in der Begründung perspektivischer Felder Rechnung zu tragen. Außer solchen perspektivischen Feldern, die der Vorratsklasse C_2 entsprechen, können aber auch noch Felder mit „potentiellen Möglichkeiten" (s. „Die Gasressourcen der UdSSR", 1959) ausgeschieden werden, in deren Tiefe die Möglichkeit von Erdöl- und Erdgasansammlungen gegeben ist. Das sind die prognostischen Felder. Ihre Vorräte werden als mögliche anerkannt, weil im Verlauf der Such- und Erkundungsarbeiten mit ihrer Bestätigung gerechnet werden kann. M. A. SHDANOW (1959) brachte den Vorschlag ein, solchen prognostischen Vorräten eine exakte Bezeichnung zu geben, um sie von den perspektivischen Vorräten der Klasse C_2 abzutrennen. Eine derartige Bezeichnung aber stellt die prognostischen Vorräte in die gleiche Reihe mit denen der Klassen A bis C. Damit besteht die Gefahr der Vertuschung des Unterschiedes zwischen ihnen, den man ständig klar vor Augen haben muß. Man darf nicht außer acht lassen, daß der Grad der Erforschtheit bezüglich des Vorhandenseins erdöl- und erdgasführender Schichtfolgen und die daraus resultierende Möglichkeit einer Produktion die Grundlage für die Einschätzung der Perspektiven sind. Das Vorkommen von Erdöl und Erdgas in gefalteten Gebieten ist hauptsächlich an Fallen des strukturellen und stratigraphischen Typs gebunden. Ansammlungen in rein lithologischen Fallen besitzen hier nur eine zweitrangige Bedeutung. Solche Fallen beschränken sich auf die Zonen von Aufwölbungen, von Faltungen, Diskordanzen und auskeilenden Schichten. Diese Zonen sind perspektivisch. Nach Ausscheiden solcher Zonen auf Grund eines sorgfältigen Studiums der Entwicklung dieses Gebietes unter stratigraphischen, tektonischen, paläogeographischen und lithologisch-faziellen Gesichtspunkten müssen nun spezielle höffige Strukturen ausgeschieden werden. Diese sind in verfalteten Zonen überwiegend an Antiklinalen gebunden.

Somit lassen wir uns bei der Einschätzung der Perspektiven eines bekannten Feldes von der günstigen Übereinstimmung der Grundbedingungen leiten. Zu ihnen gehört das Vorhandensein von Akkumulationen des Erdöls und des Erdgases in den Tiefen eines Feldes, also einer erdöl-, erdgasführenden Folge, sowie das Vorhandensein von Fallen. Wenn für ein bekanntes Feld diese beiden Bedingungen erfüllt sind, so kann man es zu den perspektivischen Feldern mit der Vorratsklasse C_2 rechnen. Wenn für irgendein Feld nur eine dieser Bedingungen klar, die andere zweifelhaft, wohl aber möglich oder vermutlich ist, dann sind die Perspektiven insgesamt weniger klar. Zu ihrer Einschätzung sind weitere zusätzliche Untersuchungen notwendig. Solche Felder mit weniger deutlichen Perspektiven werden in die Kategorie der prognostischen Vorräte eingestuft. Schließlich kann man Gebiete antreffen, in denen beide Bedingungen nicht als bewiesen gelten können. Immerhin aber besteht nach der Gesamtheit aller geologischen, geophysikalischen und anderen Daten Grund zur Vermutung der Existenz dieser Bedingungen. Solche Felder müßten nach Lage der Dinge auch zu den prognostischen Feldern gerechnet werden. Für die Umgrenzung der Verbreitungsgebiete erdöl- und erdgasführender Schichten sind die Überlegungen über die Verbreitung der Ablagerungsbecken unter Berücksichtigung der

[1] Aus: „Geologija nefti i gasa", Nr. 6, 1960. — Übers.: W. BACH

Klassifikation der perspektivischen und prognostischen Felder nach ihren Vorratskategorien[1])

<table>
<tr><td colspan="3" rowspan="3"></td><td colspan="3">Vorhandensein einer erdöl- und gasführenden Folge im Profil</td></tr>
<tr><td rowspan="2">festgestellt</td><td colspan="2">vermutet</td></tr>
<tr><td>bei Interpolation in festgelegten Konturen der Lagerung der erdöl- und gasführenden Folge</td><td>bei Extrapolation außerhalb der festgestellten Lagerungskonturen der erdöl- u. gasführenden Folge</td></tr>
<tr><td colspan="3">Vorhandensein einer Falle für Erdöl und Gas</td><td rowspan="2">C_2</td><td colspan="2">Vorräte</td></tr>
<tr><td colspan="2" rowspan="2">vermutet auf Grund regionaler komplexer Überlegungen, wobei Lageort der Falle</td><td rowspan="3">festgestellt nach der Gesamtheit der geologischen und geophysikalischen Daten</td><td>prognostische</td><td>prognostisch, der Schätzung nicht zugänglich</td></tr>
<tr><td>prognostisch</td><td>prognostische</td><td>prognostisch, der Schätzung nicht zugänglich</td></tr>
<tr><td>nicht festgelegt werden kann</td><td>festgelegt werden kann</td><td>prognostisch, der Schätzung nicht zugänglich</td><td>prognostische, der Schätzung nicht zugänglich</td><td>———</td></tr>
</table>

[1]) Für alle Felder, die perspektivischen wie die prognostischen, ist die Einhaltung der Bedingungen gemeint, die günstig für Ansammlung und Erhaltung der Lager sind (lithologische, hydrogeologische, geochemische usw.).

lithofaziellen Merkmale der Sedimente ausschlaggebend. Die Lage und die Form der Fallen in den gefalteten Gebieten werden nach tektonischen und geophysikalischen Angaben festgelegt. Wenn diese fehlen, erfolgt ihre Festlegung auf Grund von Hypothesen. In diesem Falle kann man nach I. M. GUBKIN zwei Wege gehen. Wenn eine bekannte Aufwölbungszone antiklinalen Typs im Bereich erdöl- und erdgasführender Schichten nachgewiesen ist und in dieser einzelne Strukturfallen bemerkt wurden, so besteht Grund genug, anzunehmen, daß solche auch in dem verdeckten Teil der öl- und gasführenden Zone vorhanden sind. Sie werden dann parallel zu diesen gefalteten Formen angenommen. Ihr Abstand in der Längserstreckung der verdeckten Zone wird nach dem der Forschung zugänglichen Teil entsprechend angenommen. Wenn keine Angaben über das Vorhandensein einzelner antiklinaler Aufwölbungen in dem gesamten Verbreitungsgebiet einer öl- und gasführenden Folge vorhanden sind, dann bleibt für die verdeckte Zone nur die Bestimmung der wahrscheinlichen Anzahl von Strukturformen möglich. Diese gründet sich auf statistische Erhebungen über die Verteilungsdichte solcher Formen in erforschten Verbreitungsgebieten derselben Schichtserie. Hierbei wird die wahrscheinliche Anzahl der vorhandenen Fallen bestimmt, ihre Lageverteilung nicht konkretisiert.

Die Einschätzung der Perspektiven von erdöl- und gasführenden Feldern mit Vorräten, die noch geringer einzustufen sind als die Vorräte der Klasse C_1, kann mit folgenden Angaben begründet werden:

Das Vorhandensein einer erdöl- und gasführenden Folge in einem Profil, das erdöl- und gasführende Speicher enthält, ist a) festgestellt, b) vermutet auf Grund der Interpolation innerhalb der Umrandung des Ablagerungsbeckens der Gesteinsfolge, c) vermutet auf Grund der Extrapolation außerhalb der Umrandung, d) nicht konkret festgestellt, aber nach der Gesamtheit geochemischer und anderer Angaben vermutet.

Das Vorhandensein struktureller oder stratigraphischer Fallen, die mit tektonischen oder paläogeographischen Zonen verknüpft sind, die die Erdöl- und Erdgasansammlung begünstigen, kann a) als festgestellt gelten, wird b) nach der Gesamtheit geologischer und geophysikalischer Angaben (auch nach der Entwicklungsgeschichte des Gebietes) angenommen und wird c) nach denselben Überlegungen als möglich anerkannt.

Die Annahmen über das Vorhandensein oder die Möglichkeit des Vorhandenseins von Erdöl- und Erdgaslagern innerhalb eines bekannten Lagers führen zu der Frage nach der mengenmäßigen Einschätzung dieser Lager und ihrer Vorräte. Die Vorräte der Felder mit den vermuteten Lagern der Klasse C_1 werden nach der Volumenmethode berechnet. Normalerweise finden dort fünf bis sieben Parameter ihre Anwendung.

Die kleinste Anzahl von Parametern wandte I. M. GUBKIN (1937) an: die Fläche des Lagers, die Mächtigkeit der produktiven erdölführenden Schichten, die Porosität dieser Schichten, den Nutzungskoeffizienten des Porenvolumens und das spezifische Gewicht des Erdöls. Von diesen Größen kann in unserem Falle nicht eine einzige mit genügender Sicherheit bestimmt werden. Gewisse Vorstellungen von der Mächtigkeit und der Porosität einer oder mehrerer erdöl- oder gasführender Schichten kann man sich nur auf Grund von Bohrungen machen. In unserem Falle ist man daher genötigt, alle Größen, mit denen die vermuteten Vorräte bestimmt werden sollen, angenähert anzunehmen. Dabei geht man von der Analogie zu bereits erkundeten Lagern mit industriellen Vorräten aus, die sich in ähnlichen geologischen Verhältnissen vorfinden.

Bei perspektivischen Feldern mit Vorräten einer tieferen Klasse als C_1 fehlen sogar die erwähnten Daten. Für solche Gebiete muß man die Vorräte nach der Hektarmethode einschätzen. Sie beruht auf der Anwendung von drei Größen: Fläche des Lagers, Mächtigkeit der auszubeutenden Schichten und „spezifische Abgabe" des Erdöls und Erdgases durch diese Schichten. Die Größe der spezifischen Abgabe (= mittlere gesamte Erdöl- und Gasgewinnung je 1 ha Fläche und 1 m Mächtigkeit der Schicht) wird angenommen in Anlehnung an die Resultate der Förderung in Feldern unter analogen geologischen Verhältnissen. Diese Größe weist bei verschiedenen Feldern und in verschiedenen Schichten große Unterschiedlichkeit auf. Die Differenz kann Hunderte von Tonnen betragen. Große Schwierigkeiten ruft die Flächenbestimmung eines Lagers hervor, das in einer bekannten Falle vermutet wird. Als Ausgangsmerkmal wird hierbei die angenommene Höhe des Lagers ausgewählt, die zu der Höhe der Strukturform, an die das Lager gebunden ist, in ein entsprechendes Verhältnis gesetzt wird. Das sich in den graphischen Darstellungen abzeichnende Bild dieses Lagers wird in den Abmessungen der Strukturformen den Ausmaßen der erkundeten Lager, die in ähnlichen geologischen Verhältnissen festgestellt wurden, gegenübergestellt.

Wenn konkrete Zahlenangaben fehlen, ist man bei der Beurteilung prognostischer Felder zur Anwendung der äußerst primitiven Hektareinschätzung gezwungen. Die prognostischen Felder werden nach rein qualitativen Überlegungen vom Vorhandensein erdöl- und gasführender Schichtfolgen und Fallen in Analogie zu den besser erforschten Feldern ausgeschieden. In vielen Fällen muß man sich nach den Beispielen der letzteren mit den Vorratsklassen C_1 und C_2 begnügen. Das gilt auch für die Schwierigkeit der Einschätzung mit dem vermuteten Erdöl/Gas-Verhältnis in prognostischen Lagerstätten. Behält man diese Überlegungen im Auge, so wird man anerkennen müssen, daß bei der Vorratseinschätzung prognostischer Felder nur von einem möglichen oder wahrscheinlichen Mengenverhältnis zwischen der Vorratsklasse C und höheren Klassen gesprochen werden kann. Bei der Vorratseinschätzung eines bekannten prognostischen Feldes ist es sinnvoll, sich mit der Schlußfolgerung zu begnügen, daß diese Vorräte wahrscheinlich beispielsweise ein Viertel der Vorräte irgend eines bestimmten Feldes enthalten.

Große Aufmerksamkeit verdient die Frage der Zweckmäßigkeit der Einführung des „Erfolgskoeffizienten" nach N. T. LINDTROP (s. M. A. SHDANOW 1959) in die Vorratseinschätzung perspektivischer und prognostischer Felder. Ein ähnlicher Koeffizient, der das Verhältnis der Anzahl von Feldern, in denen durch Suchbohrungen Lager erschlossen worden sind, zur Gesamtzahl der Felder, in denen gebohrt wurde, widerspiegelt, ist von großem Interesse. Doch erfordert seine Anwendung umfangreiche Vorbereitungsarbeiten zur Einschätzung seiner Größe auf Grund der Erfahrungen mit durchgeführten Erkundungsarbeiten.

Die Einschätzung von Außerbilanzvorräten hat kein praktisches Interesse, weil diese keine Rolle bei der Lösung von Fragen der Notwendigkeit von Suchbohrungen in einem beliebigen Feld spielen. Außerbilanzvorräte stellen bei den gegenwärtigen technischen und ökonomischen Bedingungen noch kein Objekt einer Nutzung dar.

Bei einer Betrachtung der Felder, die man zu den prognostischen stellen muß, erweist es sich als zweckmäßig, sie im Hinblick auf ihre Form und auf die Begründung ihrer Perspektiven auf Erdöl- und Erdgasführung in zwei Gruppen einzuteilen: Felder mit Vorräten, die wenigstens eine primitive Einschätzung nach dem obendargestellten Schema erlauben, und Felder, die sich nach der Gesamtheit der geologischen Bedingungen und nach ihrer Lage als prognostisch nur nach Erhalt weiterer Angaben erweisen können, ohne die eine Einschätzung der Vorräte nicht möglich ist. Nehmen wir als Beispiel eine Gruppe von Feldern, in denen das Vorhandensein von Strukturfallen für Erdöl und Erdgas auf Grund der Gesamtheit geologischer Überlegungen angenommen wird. Für solche Felder dieser Gruppe, bei denen die Lage der Fallen konkretisiert werden kann, kann man prognostische Vorräte schätzen. Für die Felder, in denen dies undurchführbar ist, sollte man sich der Vorratseinschätzung enthalten und diese zu den prognostischen Feldern rechnen, allerdings mit Vorräten, die nach dem gegenwärtigen Stand der Kenntnis eine Einschätzung nicht erlauben.

Eine Übersicht über die perspektivischen und prognostischen Felder hinsichtlich ihrer Vorratseinschätzung kann man in Gestalt einer Zusammenfassung darstellen.

Die Vorratseinschätzung dieser Felder dient trotz aller ihr anhaftenden Fehlerquellen der Auswahl perspektivischer Objekte für Suchbohrungen. Dabei muß man vermerken, daß neben der richtigen Auswahl der Felder eine grundsätzliche Bedingung für den Erfolg dieser Suchbohrungen auch das Erreichen der Tiefen ist, in denen die vermuteten erdöl- und gasführenden Schichten aufgeschlossen werden können.

Literatur

GUBKIN, I. M.: Die Erdölvorräte der UdSSR. – Arbeiten des XVII. Internationalen Geologischen Kongresses, 1. Ausgabe. Aserbaidshanische und Grusinische SSR. ONTI, 1937.

SHDANOW, M. A., W. G. LISSUNOW, A. W. WJELITSCHKO & F. A. GRISCHIN: Vorratsberechnung von Erdöl und Gas. – Gosinti, 1959.

– Schätzungsmethoden der perspektivischen Vorräte von Erdöl und Gas. – Gosinti, 1959.

Die Gasressourcen der UdSSR. – Gostoptechisdat, 1959.

Vorbereitung und Planung des Vorratszuwachses von Erdöl und Erdgas[1)]

A. A. TROFIMUK, Nowosibirsk

Im Zusammenhang mit der bevorstehenden Perspektivplanung zur Entwicklung der gesamten Volkswirtschaft der UdSSR und besonders der Erdöl- und Erdgasindustrie gewinnen die Fragen der Vorbereitung und Planung des Vorratszuwachses von Erdöl und Erdgas, die Grundlage der Entwicklung dieses wichtigen Wirtschaftszweiges, große Bedeutung. Im vorliegenden Aufsatz wird der Versuch unternommen, einen Teil dieser Fragen näher zu untersuchen.

Das Problem der Versorgung mit Erdöl- und Erdgasvorräten

Erdöl- und Erdgasvorräte sind die berechneten (registrierten) Mengen natürlicher Erdöl- und Erdgasansammlungen im Erdinneren, die zum gegenwärtigen Zeitpunkt oder in nächster Zukunft zur industriellen Nutzung zur Verfügung stehen.

Der Teil der Vorräte an Erdöl und Erdgas, der den gegenwärtigen industriellen Konditionen und den bergbautechnischen Förderbedingungen genügt, gehört zu den Bilanzvorräten.

Der Teil der Vorräte, dessen Ausbeutung infolge geringer Vorratsmengen, niedriger Qualität des Erdöls und Gases, geringer Produktivität der Sonden, besonderer Kompliziertheit der Gewinnungsbedingungen zum jetzigen Zeitpunkt unrentabel ist, aber als ein Objekt zur industriellen Nutzung in späterer Zeit angesehen werden kann, gehört zu den Außerbilanzvorräten.

Der Grad der Zuverlässigkeit der Vorratsangaben wird durch die Vorratsklassen bestimmt.

[1)] Aus: „Geologija nefti i gasa", Nr. 6, 1960, S. 5–12 (Diskussionsbeitrag). – Übers.: W. BACH, fachlich überarbeitet: F. WEGERT

Zur Vorratsklasse A gehören mengenmäßig, qualitätsmäßig und in den Lagerungsbedingungen sicher festgestellte Vorräte. Zusätzliche Arbeiten zur Bestätigung dieser Vorratsklasse sind nicht erforderlich. Die Vorräte der Klasse A dienen als Grundlage für den Abbau der Erdöl- und Erdgasfelder.

Zur Klasse B gehören Vorräte, die weniger untersucht sind (wahrscheinliche Vorräte). Um Vorräte der Klasse B berechnen zu können, müssen mindestens zwei Bohrungen industrielle Zuflüsse erbracht haben. Unter Berücksichtigung der hohen Zuverlässigkeit der festgestellten Vorräte faßt man die Vorratsklassen A und B zur Gruppe der industriellen Erdöl/Erdgasvorräte zusammen.

Zur Vorratsklasse C_1 gehören die vermuteten Vorräte, deren Vorhandensein durch mindestens eine Bohrung festgestellt wurde, die einen industriellen Zufluß von Erdöl oder Gas erbracht hat. Ebenfalls zur Klasse C_1 gehören vermutete Vorräte, die an Felder der Vorratsklassen A und B grenzen, sowie Vorräte vermutlich produktiver, aber nicht getesteter Horizonte, die sich zwischen industriell erdöl- und erdgasführenden Horizonten befinden.

Zur Vorratsklasse C_2 gehören die Vorräte neuer Blöcke, Abschnitte, Strukturen, auf denen noch keine Bohrungen niedergebracht wurden, die aber innerhalb erdöl- und gasführender Gebiete liegen und die auf der Grundlage des vorhandenen Untersuchungsmaterials als neue Erdöl- und Erdgasfelder angesehen werden können.

In den letzten Jahren wird auch eine Kategorie perspektivischer prognostischer Vorräte ausgeschieden. Zu dieser Klasse gehören die Vorräte öl- und gasführender Gebiete, die unterhalb des bisher erbohrten Tiefenbereichs liegen, neue Felder im Bereich derselben Gebiete, in denen aber noch keine für die Bildung industriell nutzbarer Lagerstätten günstige Strukturen nachgewiesen wurden, sowie neue, noch nicht nachgewiesene öl- und gasführende Territorien, die auf Grund der geologischen und geophysikalischen Untersuchungsergebnisse als künftige öl- und gasführende Gebiete angesehen werden können.

Die Vorräte der ersten drei Klassen werden durch Bohrungen ermittelt, während die Vorräte der Klasse C_2 und die prognostischen Vorräte auf der Grundlage vorwiegend geologischer und geophysikalischer Ergebnisse berechnet werden.

Die wichtigste Aufgabe der Perspektivplanung zur Entwicklung der Erdöl- und Erdgasindustrie ist, ausgehend vom Bedarf der Volkswirtschaft an Erdölprodukten und der Zusammenstellung von Angaben über die Verteilung der Vorräte aller Klassen im Lande, die Festlegung des Umfangs der Such- und Erkundungsarbeiten zur Vorbereitung der geforderten Erdöl- und Gasvorräte.

Die vom Ministerium für Geologie und Lagerstättenschutz im Jahre 1958 durchgeführte allgemeine Einschätzung der prognostischen Erdöl- und Erdgasvorräte zeigt, daß die UdSSR bedeutend größere potentielle Ressourcen für die Entwicklung der Erdöl- und Erdgasgewinnung besitzt als die USA oder irgendein anderes Land. Außerdem wurde festgestellt, daß nicht nur die Gebiete im europäischen Teil der UdSSR und die mittelasiatischen Republiken, in denen sich die Gewinnung dieser wertvollen Bodenschätze intensiv erhöht, große Perspektiven für die Entwicklung der Erdöl- und Erdgasindustrie besitzen, sondern auch weite Territorien Sibiriens und des Fernen Ostens.

Eine derartig günstige Verteilung der prognostischen Vorräte auf dem Territorium der UdSSR gestattet es, die wichtige staatliche Aufgabe, die geographische Verteilung der erdöl- und erdgasgewinnenden und -verarbeitenden Industrie weiterhin zu verbessern, erfolgreich zu lösen.

Da die prognostischen Vorräte nur bis zu einer Tiefe von 5000 m berechnet wurden und die Mehrzahl der prognostischen Vorräte zu den Bilanzvorräten gehört, die den gegenwärtigen Konditionen und den montangeologischen Ausbeutungsbedingungen genügen, besteht die Möglichkeit, in den nächsten 15 bis 20 Jahren nur die Erkundung von Bilanzvorräten zu planen, während man die schon festgestellten Außerbilanzvorräte für die zukünftige Nutzung zurückstellt. Diese Tatsache wird einen entscheidenden Einfluß auf die Erhöhung der Effektivität der Erkundung der Erdöl- und Gasvorräte ausüben. Wahrscheinlich wird sich jedoch im Laufe der Erkundung ein Teil der erkundeten Vorräte als Außerbilanzvorräte erweisen. Um die Erkundung solcher Vorräte, die die allgemeine Effektivität der Such- und Erkundungsarbeiten herabsetzen, zu vermeiden oder zu verringern, muß ihr Erkundungsgrad auf niedrigere Vorratsklassen (C_1 oder B) beschränkt werden.

Fast alle Länder, die über Erdöl- und Erdgasressourcen verfügen, erkunden die Vorräte dieser Rohstoffe in drei Etappen.

In der ersten Etappe wird die Erdöl- und Erdgaserkundung in Gebieten durchgeführt, die reich an direkten Erdöl- und Erdgasanzeichen sind.

In der zweiten Etappe wird die Erdöl- und Erdgaserkundung in Gebieten betrieben, in denen keine oder fast keine Erdöl- und Gasanzeichen anzutreffen, aber günstige geologische Strukturen, Fallen für die Akkumulation industriell nutzbarer Erdöl- und Erdgaslagerstätten, vorhanden sind. In dieser Etappe wird gewöhnlich der Hauptteil der Erdöl- und Erdgasvorräte ermittelt.

Mit der fortschreitenden Erkundung dieser Ressourcen verlagern sich die Such- und Erkundungsarbeiten in immer komplizierter gebaute Gebiete, die durch Erdöl- und Erdgaslagerstätten in Zonen komplizierter stratigraphischer Diskordanzen und Ausbißzonen der Speicher an strukturfernen Flanken charakterisiert werden. Es beginnt die dritte, besonders investitionsintensive, aber verhältnismäßig wenig effektive Etappe.

Die USA haben, im ganzen gesehen, bei der Erdöl- und Erdgaserkundung auf ihrem Territorium die erste und zweite Etappe bereits durchlaufen. Der Hauptumfang der Such- und Erkundungsarbeiten wird jetzt unter den Bedingungen der dritten Etappe durchgeführt. Das ist eine der Ursachen dafür, daß in den USA in den letzten 15 Jahren ein schroffes Fallen der Effektivität der Erdöl- und Erdgaserkundung zu beobachten ist.

Im Gegensatz zu den USA wird in der Sowjetunion die Erdöl- und Erdgaserkundung vorwiegend unter den Bedingungen der zweiten, besonders effektiven Etappe durchgeführt. In Sibirien und im Fernen Osten, wo zahlreiche Erdöl- und Erdgasanzeichen anzutreffen sind, besteht die Möglichkeit, die Arbeiten auch unter den Bedingungen der ersten Etappe durchzuführen. Dabei werden in der Erkundungspraxis auch die komplizierten Lagerungsverhältnisse von Erdöl und Gas nicht ignoriert, die für die dritte Etappe charakteristisch sind;

doch können solche Gebiete ausgesucht werden, in denen die Lagerstätten verhältnismäßig unkompliziert gebaut sind, in erreichbaren Tiefen liegen und mit einer hohen Effektivität entdeckt werden können.

Zu solchen Gebieten gehören z. B. die Flanken der Tatarischen Aufwölbung im Ural—Wolga-Gebiet sowie die Zone in Aserbaidshan, in der das Tertiär abtaucht. Es wäre äußerst unvernünftig und verlustbringend, wenn man ohne Nutzung der Möglichkeiten der besonders effektiven beiden ersten Etappen den Übergang in die folgende kompliziertere und kostspielige Etappe forcieren würde.

Die Effektivität der Such- und Erkundungsarbeiten auf Erdöl und Erdgas

Die Bestimmung der benötigten Investitionen[2]) zur Vorbereitung der Erdöl- und Erdgasvorräte wird auf der Basis der Berechnung der Effektivität früher durchgeführter Such- und Erkundungsarbeiten und der Prognose der Effektivität, die sich in der geplanten Zeitspanne ergeben kann, durchgeführt.

Der ganze Prozeß der Erdöl- und Erdgaserkundung wird in zwei Abschnitte unterteilt: die Vorerkundung (Sucharbeiten) und die eigentliche Erkundung. Das Ziel der Vorerkundung ist die Feststellung eines industriell nutzbaren Erdöl- oder Erdgaszuflusses auf einem neuen Feld oder einer neuen Lagerstätte auf einem schon bekannten Feld. Das Ziel der Erkundung ist der Vorratszuwachs von Erdöl oder Erdgas auf Feldern, die während der Vorerkundung entdeckt wurden.

Da mit dem Auffinden eines neuen Feldes oder einer neuen Lagerstätte die Vorerkundung, nach der man die Vorräte der Klasse C_1 berechnen kann, beendet ist, müssen folgende Hauptkennziffern die Effektivität dieser Arbeiten charakterisieren:

1. Die Kosten für die Vorbereitung einer Gewichts- oder Raumeinheit von Vorräten der Klasse C_1. Dieser Kennwert erlaubt es, die benötigten Haushaltsmittel und die Mittel zum Niederbringen tiefer Suchbohrungen (Vorerkundungsbohrungen) zu bestimmen.
2. Vorratsmenge an Erdöl oder Erdgas in t bzw. 1000 m^3 der Klasse C_1, die auf einen Bohrmeter bzw. auf eine Suchbohrung (Vorerkundungsbohrung) kommt. Diese Kennziffer gestattet es, den Umfang und die Kosten der investintensivsten Arbeiten bei die Vorerkundung zu bestimmen.

Die Effektivität der Erkundung muß nach dem Zuwachs an Bilanzvorräten der Klasse A bestimmt werden.

Zu den Hauptkennziffern gehören dabei:

1. Die Erkundungskosten einer Gewichts- oder Raumeinheit der Vorräte, ausgedrückt in Klasse A, zur Berechnung der erforderlichen Haushalts- und Investmittel für Forschungsarbeiten und die Niederbringung von Erkundungsbohrungen.
2. Die Vorratsmenge, ausgedrückt in Klasse A, die auf einen Erkundungsbohrmeter oder eine Erkundungsbohrung kommt.

Das endgültige Resultat der Such- und Erkundungsarbeiten auf Erdöl und Erdgas ist der Zuwachs an Bilanzvorräten der Klasse A.

Die Effektivität sowohl der Such- als auch der Erkundungsarbeiten zeigt sich in folgenden Kennziffern:

1. Die Gesamtkosten des Zuwachses einer Gewichts- oder Raumeinheit von Erdöl- oder Gasvorräten.
2. Die Vorratsmenge, ausgedrückt in Klasse A, die auf je einen Bohrmeter oder auf eine Bohrung bei der Vorerkundung und Erkundung kommt.

[2]) In der UdSSR wird das Niederbringen einer Bohrung aus Investmitteln finanziert (Anmerkung d. Übersetzers).

Da durch die Produktionsbohrungen ebenfalls die bekannte Vorratsmenge, besonders der Klasse A, erhöht wird, ist die Kennziffer des Vorratszuwachses je Gesamtbohrmeter (Vorerkundungs-, Erkundungs- und Produktionsbohrungen) von Interesse.

Zur Auswertung dieser Kennziffern sind begründete Umrechnungskoeffizienten erforderlich, die es gestatten, die Erkundungsergebnisse, die sich im Vorratszuwachs verschiedener Klassen ausdrücken, auf einen Nenner zu bringen und in der Vorratsklasse A auszudrücken.

Das endgültige Ergebnis der Erkundung sind die Vorräte der Klasse A, d. h. alle vollständig erkundeten Vorräte.

Zur Klasse B gehören die wahrscheinlichen Vorräte, die in allgemeinen Zügen erforscht sind und die zur Überführung in den Erkundungsgrad der Klasse A zusätzliche Bohrungen und andere Forschungsarbeiten erfordern.

Es ist verständlich, daß die Klasse B auch einen Teil von Vorräten der Klasse A umfaßt, da ein Teil dieser Vorräte mit nicht weniger als zwei Bohrungen, die einen industriellen Erdölzufluß erbracht haben, zuverlässig festgestellt wird. Die Instruktion zur Anwendung der Vorratsklassifikation für Erdöl- und Erdgasfelder gestattet einen doppelt so großen Abstand zwischen den Bohrungen zur Begründung der Vorratsklasse B wie bei Vorratsklasse A (s.: Die Staatliche Vorratskommission nutzbarer Bodenschätze beim Ministerrat der UdSSR. — Gosgeoltechisdat, 1955, S. 6).

Daraus ergibt sich, daß eine Fläche, die mit ein und derselben Anzahl von Bohrungen bis zur Klasse B erkundet wurde, viermal so groß ist wie eine bis zur Vorratsklasse A erkundete. (Man kann z. B. mit vier Bohrungen, die in den Ecken eines Quadrats auf einer Antiklinale vom Tafeltyp in einem Abstand von je 1000 m niedergebracht wurden, bis zur Klasse A eine Fläche von 1 km^2 erkunden; während man mit denselben Bohrungen, die jedoch in der doppelten Entfernung, also in 2000 m Abstand, voneinander niedergebracht wurden, eine Fläche von 4 km^2 bis zur Klasse B erkunden kann.) Mit anderen Worten: Man kann annehmen, daß in den Vorräten der Klasse B $^1/_4$ der Vorräte der Klasse A enthalten sind. Den Koeffizienten 0,25 kann man zur bedingten Umrechnung der Vorratsklasse B in die höchste Vorratsklasse A empfehlen. Das bedeutet also, daß nur ein Viertel der Vorräte B vollkommen glaubwürdig ist und keinerlei zusätzliche Ausgaben für die Erkundung erfordert.

Zur Berechnung von Vorräten der Klasse C_1 muß mindestens eine Bohrung einen industriell nutzbaren Erdöl oder Erdgaszufluß erbracht haben, dann kann man zur Überführung der Vorräte dieser Klasse in Vorräte der Klasse A für den gegebenen Feldestyp errechnen, wieviel Vorräte der Klasse A durch eine Erkundungsbohrung gesichert wurden, und diese Größe auf die Anzahl der Bohrungen übertragen, die als Grundlage für die Berechnung der Klasse C_1 dienten. Dieser Weg ist jedoch für die Vorratsberechnung unpraktisch. Unter Berücksichtigung der Tatsache, daß bei der ersten Bohrung gewöhnlich die Vorratseinschätzung nach der Klasse C_1 sehr vorsichtig durchgeführt wird, kann man annehmen, daß in den Vorräten der Klasse C_1 $^1/_{10}$ zuverlässige Vorräte der Klasse A enthalten sind. Mit anderen Worten: Die in der Klasse C_1 berechneten Vorräte sind zu $^1/_{10}$ vollkommen glaubwürdig, und dieser Teil der Vorräte erfordert keine zusätzlichen Erkundungsarbeiten.

Daher kann man zur Bestimmung von Vorräten der Klasse A folgende Formel anwenden:

$$A_{umgerechnet} = A + 0{,}25\,B + 0{,}1\,C_1$$

Unter Benutzung dieser Formel ist es einfach, die Erkundungsergebnisse in der Vorratsklasse A auszudrücken.

In einem Jahr wurde z. B. in allen Vorratsklassen ein Zuwachs von 10 Mill. t erkundet: davon entsprechen der Klasse A 1 Mill. t, der Klasse B 4 Mill. t und der Klasse C_1 5 Mill. t. Für diesen Vorratszuwachs wurden 10000 Meter gebohrt.

Die Vorräte ergeben, in die Klasse A umgerechnet: $1 + 0{,}25 \cdot 4 + 0{,}1 \cdot 5 = 2{,}5$ Mill. t. Die umgerechneten Vorräte gestatten eine genauere Bestimmung der Effektivität der Erdöl- und Erdgaserkundung nach allen führenden Kennziffern.

Aus diesem Beispiel ist ersichtlich, daß bei Zugrundelegung der industriellen Vorräte der Klassen A + B der Zuwachs doppelt so groß wäre (1 + 4) wie bei der Umrechnung aller Vorratsklassen in die Klasse A.

Auch bei Berechnung der Effektivität in Tonnen pro Erkundungsbohrmeter wäre diese Größe doppelt so hoch wie die praktisch erreichte bei Umrechnung der Vorräte in Klasse A.

In der Praxis findet man oft, daß auf Feldern der Klasse B Erkundungsarbeiten mit dem Ziel durchgeführt werden, die Vorräte in die Klasse A überzuführen. Da aber alle Vorräte der Klasse B bei der Einschätzung der Effektivität für das letzte Jahr berücksichtigt wurden, wäre für das laufende Jahr eine Effektivität dieser Arbeiten gleich Null, wie aus dem gleichen Beispiel ersichtlich ist.

Im nächsten Jahre würde z. B. derselbe Bohrumfang von 10000 m für die Überführung der Vorräte der Klasse B in die Klasse A verwendet. Hierbei wachsen entsprechend dem Koeffizienten der Überführung von Vorräten der Klasse B in solche der Klasse A, der 0,25 beträgt, die Vorräte der Klasse A um 2,5 Mill. t. Ende des Jahres betragen die Vorräte des Feldes:

Klasse	Vorräte	Vorratszuwachs im Jahr
A	3,5 Mill. t	3,5 − 1 = + 2,5
B	1,5 Mill. t	1,5 − 4 = − 2,5
C_1	5 Mill. t	5 − 5 = 0
A + B	2,5 + (− 2,5) = 0	

Aus diesem Beispiel ist ersichtlich, daß die Vorräte der Klasse A + B auf Grund der Erkundung des zweiten Jahres bei gleicher Erkundungsintensität nicht gewachsen sind, sondern den gleichen Stand wie im vergangenen Jahre aufweisen. (Die Effektivität der Erkundung ist gleich Null.)

Im vorliegenden Beispiel würde die Erkundung des ersten Jahres einen Vorratszuwachs, ausgedrückt in Vorräten der Klasse A, von 2,5 Mill. t mit der Effektivität von 250 t pro Bohrmeter ergeben. Im zweiten Jahre der Erkundung würde der Zuwachs 1,875 Mill. t betragen mit einer Effektivität der Bohrarbeiten von 187,5 t pro Bohrmeter, d. h. 25% weniger.

Wesentlich ist auch, daß bei der Einschätzung der Effektivität entsprechend den Vorräten der Klassen A + B die Erkundungsergebnisse, die sich in der Klasse C_1 ausdrücken, vollkommen unberücksichtigt bleiben. Die Bedeutung dieser Arbeiten ist aber oft wichtiger als die Überführung von Vorräten aus den niedrigen Klassen in höhere.

Bei der Festlegung und Berechnung der Planaufgaben für den Vorratszuwachs von Erdöl und Erdgas, aber auch zur Festlegung des Verhältnisses der Vorräte zum Stand der Jahresförderung, müssen ebenfalls in Klasse A umgerechnete Vorräte benutzt werden.

Die Effektivität der Such- und Erkundungsarbeiten auf Erdöl und Erdgas, die sich in den Kennziffern der Kosten für die Vorbereitung der Vorräte oder in der Menge der vorbereiteten Vorräte pro Bohrmeter widerspiegelt, weist eine sinkende Tendenz auf.

Mit den fortschreitenden Such- und Erkundungsarbeiten ist man genötigt, Erdöl- und Erdgas in immer komplizierteren geologischen Verhältnissen und in größeren Tiefen zu suchen. Das führt zur Erhöhung sowohl der gesamten Ausgaben zur Erkundung der Strukturen als auch der Such- und Erkundungsbohrmeter. Jedoch stehen dieser sinkenden Tendenz der Effektivität solche Faktoren gegenüber wie die Vervollkommnung der Methoden und der Methodik der Such- und Erkundungsarbeiten, eine wesentliche Erhöhung der Arbeitsproduktivität bei geologischen und geophysikalischen Untersuchungen und beim Abteufen von Bohrungen. Bei Gaslagerstätten ist zweifellos auch die Tatsache günstig, daß in einer Raumeinheit eines Gashorizonts in größeren Tiefen eine größere Gasmenge enthalten ist.

Da in der UdSSR in den nächsten 15 bis 20 Jahren die Erdöl- und Erdgaserkundung unter den besonders günstigen Bedingungen der zweiten und ersten Etappe erfolgen wird und da man unter sozialistischen Verhältnissen in kurzer Zeit die Methodik, die Methoden, die technischen Mittel zum Aufsuchen und Erkunden vervollkommnen kann, ist es möglich, die Gesamteffektivität der Erdöl- und Erdgaserkundung zu stabilisieren oder sogar etwas zu heben.

Bis jetzt wurde in der UdSSR die Qualität der vorbereiteten Erdöl- und Erdgasvorräte noch nicht berücksichtigt, obwohl die qualitative Charakteristik der erkundeten Vorräte von großer Bedeutung sowohl für die Einschätzung der Effektivität der Such- und Erkundungsarbeiten als auch für die Planung der Ausgaben für die Erschließung und die Förderung der Erdöl- und Gasfelder ist.

Die qualitative Charakteristik der Erdöl- und Erdgasvorräte ergibt sich z. B. aus Angaben über die natürliche Erdöl- und Gasabgabe der Lagerstätte, die Möglichkeit einer Erhöhung der Erdöl- und Gasabgabe durch Einwirkung auf die Lagerstätten (Einpumpen von Wasser, von Gas, von Lösungsmitteln usw.), die Produktivität und Tiefe der Lagerstätten, die Qualität des Erdöls und des Erdgases (entsprechend dem Gehalt an wertvollen und schädlichen Komponenten).

Alle diese Kennziffern finden, mit Ausnahme der letzten (die nur teilweise berücksichtigt wird), ihren Ausdruck in den Selbstkosten der Gewinnung einer t Erdöl oder eines m^3 Erdgas.

Die Qualität des Erdöls und des Gases selbst sollte nach den Selbstkosten der bei der Verarbeitung gewonnenen Erdöl- und Erdgasprodukte bestimmt werden.

Der benötigte Umfang erkundeter Erdöl- und Erdgasvorräte

Die Erkundung der Vorräte von Erdöl und Erdgas erfordert verhältnismäßig hohe Investitionen. Die rationelle Ausnutzung dieser Ausgaben erfordert die

Festlegung der Proportionen zwischen den ausbringbaren Erdöl- und Erdgasvorräten und ihrer Förderung, die die geplante Entwicklung der Förderung gewährleisten. Eine Übererkundung von Vorräten, die den normalen Bedarf an diesen Vorräten überschreitet, ist unrationell, da dadurch bedeutende Mittel für die weitere Erkundung ungenutzter Vorräte gebunden werden.

Der jährliche Vorratszuwachs ist nach einer von S. T. KOROTKOW (1959) aufgestellten und später noch etwas veränderten Formel zu bestimmen:

$$A_{\text{umgerechnet}} = D_{\text{geplant}} + p\,(D_{\text{geplant}} - D_1),$$

dabei ist

$A_{\text{umgerechnet}}$ = der benötigte Zuwachs ausbringbarer Vorräte, ausgedrückt in Klasse A;

D_{geplant} — die geplante Erdöl- und Erdgasförderung;

p — der geplante Koeffizient der Sicherung der Vorräte für die Förderung (Verhältnis der Vorräte am Jahresanfang zu der für dieses Jahr geplanten Förderung);

D_1 — die Förderung des vorangegangenen Jahres.

Wie aus der Formel ersichtlich, hängt der benötigte jährliche Vorratszuwachs von der geplanten Förderung und von dem Koeffizienten der Sicherung mit Vorräten ab. Hierbei wird bei gleichbleibenden übrigen Bedingungen ein um so kleinerer Vorratszuwachs gefordert, je kleiner der Koeffizient der Versorgung mit Vorräten ist.

Die Erhöhung der Erdölentnahme hat jedoch ihre natürlichen und ökonomischen Grenzen.

Die Praxis des Abbaus von Erdöllagerstätten zeigt, daß die maximale Entnahme nur in seltenen Fällen 15 bis 20% der Vorräte überschreitet.

Je größer die Lagerstätte, um so kleiner ist gewöhnlich die jährliche prozentuale Entnahme der Vorräte.

Auf die prozentuale Entnahme der Vorräte wirken auch solche Faktoren, wie die verhältnismäßig langwährende Periode der industriellen Erschließung neuer, besonders großer Felder und eine niedrige Produktivität der Lagerstätten, die eine große Erdölentnahme verhindert. Besonders groß ist der Einfluß dieser Faktoren in Zeiten intensiven Anwachsens der Vorräte und der Entwicklung der Erdöl- und Erdgasförderung.

Ökonomische und theoretische Untersuchungen zeigen, daß eine mäßige prozentuale Erdölentnahme aus den Vorräten ökonomisch günstiger ist als die größere, da auf diese Weise die Investitionen für die Ausrüstung der Felder rationeller ausgenutzt und die Zahl der Produktionsbohrungen eingeschränkt werden können.

In verschiedenen Gebieten mit verschiedener geologisch-technisch-ökonomischer Einschätzung der Vorräte kann auch ein verschiedener Prozentsatz der Erdöl- und Erdgasentnahme aus den Lagerstätten erreicht werden.

Im Landesmaßstab soll jedoch unter Berücksichtigung der erforderlichen schnellen Entwicklung der Erdöl- und Erdgasindustrie das minimal notwendige Verhältnis zwischen den erkundeten Vorräten (die in die Klasse A umgerechnet wurden) und dem Stand der Gewinnung im Bereich 15—20:1 liegen. Hierbei werden die günstigeren Bedingungen zur Entwicklung dieses Wirtschaftszweiges durch das Verhältnis 20:1 garantiert.

Bei einem solchen Verhältnis hat man die Möglichkeit, aus den erkundeten Feldern eine für den Abbau besonders effektive Lagerstätte auszuwählen.

Der Zuwachs der ausbringbaren Erdölvorräte wird in der Hauptsache durch die Erkundung neuer Erdöllagerstätten bestritten. Jedoch darf man dabei eine andere wichtige Quelle, die Erhöhung des Erdölabgabekoeffizienten der Lagerstätte, nicht vernachlässigen. Die Anwendung neuer Abbaumethoden der Erdöllagerstätten mit künstlicher Aufrechterhaltung der Lagerstättenenergie ermöglicht eine Erhöhung des Ölabgabekoeffizienten fast um das Doppelte. Auf der Mehrzahl der Felder, auf denen Wasserflutung innerhalb oder außerhalb des Öl/Wasser-Kontaktes durchgeführt wird, erreicht man eine Erdölabgabe von 50—60% der gesamten Vorräte, während unter den Bedingungen des natürlichen Lagerstättendrucks der Ölabgabekoeffizient höchstens 0,3 betragen hätte.

Die weitere Vervollkommnung der Methoden zur Verdrängung des Erdöls aus den Lagerstätten wird es gestatten, noch höhere Ölabgabekoeffizienten zu erzielen, was gleichbedeutend mit der Entdeckung neuer ausbringbarer Erdölvorräte wäre.

Im Zusammenhang damit ist auf die Notwendigkeit der Berechnung der gesamten (geologischen) Erdölvorräte im Vergleich zu den erreichten oder den geplanten Ölabgabekoeffizienten hinzuweisen. Der Koeffizient der Erdölabgabe spiegelt den Entwicklungsstand der Wissenschaft und Technik auf dem Gebiete der Ausnutzung der gesamten (geologischen) Vorräte an Erdöl wider.

Es ist offensichtlich, daß diese Fragen einer weiteren Ausarbeitung und Detaillierung bedürfen.

Schlußfolgerungen

1. Das Vorhandensein von prognostischen Vorräten in der UdSSR und ihre Verteilung im Lande ermöglichen in den nächsten 15 bis 20 Jahren den Nachweis neuer Bilanzvorräte von Erdöl und Erdgas in den den Verbrauchszentren nahegelegenen Landesteilen.

2. Die Effektivität der Such- und Erkundungsarbeiten sollte man am Zuwachs der Vorräte von Erdöl und Erdgas einschätzen, die in der Klasse A ausgedrückt werden.

Die Umrechnung der verschiedenen Klassen in die der bedingt errechneten Klasse A erfolgt nach folgenden Koeffizienten: für die Klasse B — 0,25 und die Klasse C_1 — 0,1.

3. Als allgemeine Kennziffern für die Effektivität der Such- und Erkundungsarbeiten gelten: a) die Kosten für die Vorbereitung einer t Öl bzw. von 1000 m^3 Gas, die in Vorräte der Klasse A umgerechnet wurden; b) die Menge an Erdöl oder Erdgas in t bzw. 1000 m^3, ebenfalls in Vorräte der Klasse A umgerechnet, die auf einen Bohrmeter Such- oder Erkundungsbohrungen (getrennt oder zusammen) oder auch auf eine Bohrung kommen.

4. Es besteht die Möglichkeit, die Effektivität der Such- und Erkundungsarbeiten in den nächsten 15 bis 20 Jahren auf dem erreichten Stand zu stabilisieren bzw. etwas zu erhöhen.

Es wird empfohlen, das Verhältnis der ausbringbaren Vorräte (die in Vorräte der Klasse A umgerechnet wurden) zu der geplanten Jahresgewinnung auf dem Stande 20:1 zu halten.

Zusammenfassung

Nach einer Zusammenstellung der Vorratsklassen und der Genauigkeit ihrer Berechnung zeigt Verf., daß die Erkundung der Erdöl- und Erdgasressourcen in allen Ländern in drei Etappen durchgeführt wird. Die Effektivität der Erkundung ist im Zuwachs an Bilanzvorräten der Klasse A erkennbar. Mit Hilfe angegebener Kennziffern und Umrechnungskoeffizienten besteht die Möglichkeit, den Vorratszuwachs verschiedener Klassen in Vorräte der Klasse A umzurechnen (Beispiele). Die rationelle Ausnutzung der zur Erkundung von Erdöl und Erdgas investierten Mittel erfordert die Festlegung der Proportionen zwischen den ausbringbaren Vorräten und der geplanten Förderung.

Резюме

После сопоставления классов запасов и точности их подсчета автор показывает, что разведка нефти и газа во всех странах осуществляется тремя этапами. Эффективность разведки обнаруживается в приросте балансовых запасов класса А. С помощью приведенных показателей и коэффициентов пересчета представляется возможным пересчитывать прирост запасов различных классов на запасы класса А (даются примеры). Рациональное использование инвестированных для разведки нефти и газа средств требует установления пропорций между извлекаемыми запасами и запланированной добычей.

Summary

After classifying the reserve classes and the accuracy of their calculation, the author shows that in all countries a reconnaissance of petroleum and natural gas ressources is made by three stages. The effectivity of reconnaissance is recognizable by an increase of class A balance reserves. There is a possibility to convert the increase of reserves of various classes into class A reserves (examples) by means of the indexes and coefficients of conversion indicated. A rational utilization of capital invested in the reconnaissance of petroleum and natural gas requires a fixation of proportions between exploitable reserves and planned output.

Literatur

KOROTKOW, S. T.: Zur Methodik der Perspektivplanung der Erkundung im Asow-Kubaner erdöl- und gasführenden Becken. — Geologija nefti i gasa, Nr. 9, 1959.

TROFIMUK, A. A.: Über die Notwendigkeit der Ausscheidung des Suchbohrens (Vorerkundungsbohren) aus dem Rahmen des Erkundungsbohrens. — Neftjanoje chosjaistwo, Nr. 6, 1953.

— Einige Fragen der Vorbereitung von Erdölvorräten. — Geologija nefti, Nr. 2, 1957.

Erkundungsstadien und Konditionen

(Veröffentlichung der ZVK — Nr. 2)

EBERHARD KAUTZSCH & GOTTFRIED RICHTER, Berlin

1. Vorbemerkungen

Das Problem der Methodik zur Festlegung von Konditionen wird z. Z. in allen Ländern, in denen mineralische Rohstoffe erkundet und genutzt werden, erörtert. In der DDR sind in den letzten drei Jahren mehrere Arbeiten zur Lösung dieser Aufgabe vorgelegt worden. In Arbeiten von F. STAMMBERGER (1959, 1960) wurde unter Auswertung eines großen Materials des sowjetischen und amerikanischen Schrifttums am Beispiel des Gehaltes an nutzbarer Komponente einer der wichtigsten Faktoren der Konditionen theoretisch untersucht. Neben dieser Untersuchung wurden grundsätzliche Definitionen und Richtungen zur Bearbeitung des gesamten Fragenkomplexes der Konditionen vorgeschlagen. In einer Konferenz zum Problem der Industriekonditionen, die am 27. 1. 1961 in Berlin stattfand, haben Vertreter der Industrie, der Staatlichen Plankommission, der Bergakademie Freiberg und der Zentralen Vorratskommision die Fragen diskutiert und dabei richtungweisende Beiträge zu ihrer Lösung gegeben (Protokoll 1961). Dabei stellte es sich heraus, daß heute noch eindeutige Definitionen der einzelnen Stadien von der geologischen Erkundung bis zum Abbau der mineralischen Rohstoffe fehlen.

Nach Vorschlag von Begriffsbestimmungen der einzelnen Erkundungsstadien wird im folgenden dargelegt, welcher Art Richtwerte und Konditionen dem Geologen für die einzelnen Stadien der Erkundung vorzugeben sind. Es soll weiter untersucht werden, welches Material der Geologe vor und nach den verschiedenen Erkundungsstadien vorzulegen hat.

2. Vorschlag zur Begriffsbestimmung der Erkundungsstadien

In Arbeiten von E. VOGEL (1956), E. KAUTSCH (1959) u. a. sind die verschiedenen Stadien zwischen geologischer Erkundung und Abbau diskutiert worden. Unter Berücksichtigung der unterschiedlichen Auffassungen wird vorgeschlagen, in Zukunft die geologische Erkundung (im weiteren Sinne) zu unterteilen in

Allgemeine Lagerstättenforschung

Geologische Erkundung (im engeren Sinne)
- Sucharbeiten
- Vorerkundung
- eingehende Erkundung[1])

Betriebliche Erkundungen[2])

und die folgenden Festlegungen zu akzeptieren.

2.1 Allgemeine Lagerstättenforschung

Aufgabe der allgemeinen Lagerstättenforschung im Hinblick auf das untersuchte Thema ist, in einem geologisch unerforschten Gebiet festzustellen, welche mineralischen Rohstoffe überhaupt auftreten können. Ohne daß von vornherein eine Zielsetzung auf einen bestimmten Rohstoff vorliegt, sind durch regional-geologische und lagerstättengenetische Untersuchungen lagerstättenhöffige Räume festzustellen.

2.2 Geologische Erkundung im engeren Sinne

Die eigentlichen geologischen Erkundungsarbeiten — Sucharbeiten, Vorerkundung und eingehende Erkundung — werden im Gegensatz zu dem Stadium der allgemeinen Lagerstättenforschung zielgerichtet auf bestimmte mineralische Rohstoffe in einem bestimmten Gebiet angesetzt.

2.21 Sucharbeiten

Aufgabe der Sucharbeiten ist, einen bestimmten mineralischen Rohstoff in einem bereits als lagerstättenhöffig bezeichneten Raum aufzufinden und nachzuweisen, daß mit dem Vorhandensein einer Lagerstätte gerechnet werden kann.

2.22 Vorerkundung

Aufgabe der Vorerkundung ist, die Schlußfolgerungen der Sucharbeiten zu bestätigen, die räumliche Ausdeh-

[1]) Objekterkundung
[2]) Nacherkundung

Richtwerte bzw. Konditionen für	Vorgaben für Erkundung und Nutzung mineralischer Rohstoffe				
	Geologische Erkundung (i. e. S.)			Projektierung	Abbau und betriebliche Erkundung
	Sucharbeiten	Vorerkundung	eingehende Erkundung		
Lagerstätte (Bergbau)	Richtwerte	Richtwerte			
		Konditionen	Konditionen	Konditionen Varianten	Konditionen
Rohstoff (Verarbeitung)				optimale Variante[1])	
					Planauflage[2])

[1]) Auf Grund der optimalen Variante sind von den nach den Konditionen berechneten Vorräten „projektierte Verluste“ abzusetzen.

[2]) Durch die Planauflage können zusätzlich zu den projektierten Verlusten noch „geplante Verluste“ auftreten, wenn die durch den Plan festgelegten Werte nicht mit der von der Projektierung festgestellten optimalen Variante übereinstimmen.

nung der Lagerstätte und die Lagerungsverhältnisse in großen Umrissen festzustellen, dabei die Lagerstättengrenzen ungefähr festzulegen und eine begründete Vorstellung über die durchschnittlichen Eigenschaften des mineralischen Rohstoffes zu liefern. Auf Grund dieser Ergebnisse kann eine industrielle Einschätzung der Lagerstätte gegeben, d. h. entschieden werden, ob sie sich für eine industrielle Nutzung eignet.

2.23 Eingehende Erkundung

Aufgabe der eingehenden Erkundung ist, sämtliche für die Übergabe der erkundeten Lagerstätte an die Industrie notwendigen Unterlagen, d. h. die wichtigsten geologischen, hydrogeologischen, lagerstättenkundlichen, technologischen und ökonomischen Daten, zu liefern. Auf Grund dieser Ergebnisse muß das Projekt ausgearbeitet werden können.

2.3 Nacherkundung

Aufgabe der Nacherkundung ist, die Ergebnisse der eingehenden Erkundung zu präzisieren, genaue Unterlagen für die Ausrichtungs-, Vorrichtungs- und Abbauplanung zu schaffen, zusätzliche Vorräte in Randgebieten bzw. größeren Teufen aufzuschließen und den Vorratsvorlauf des Betriebes zu sichern.

3. Grundlagen und Arbeitsergebnisse der einzelnen Erkundungsstadien

Für die praktische Arbeit und ihre Organisierung ist es wichtig, sich Klarheit zu verschaffen, welche Unterlagen zum Ansatz der Arbeiten jedes einzelnen Erkundungsstadiums vorliegen müssen und welche Ergebnisse bei seinem Abschluß vorzuliegen haben. Die Ergebnisse des vorherigen Stadiums sind zugleich Grundlage für die Arbeiten der nächsten Erkundungsstadien.

3.1 Allgemeine Lagerstättenforschung

Bei den Arbeiten dieses Stadiums sind durch theoretisch-wissenschaftliche Zusammenfassungen durchgeführter Feldarbeiten die verschiedensten Gebiete, in denen eine Lagerstättenbildung möglich war, gegen solche abzugrenzen, in denen diese Voraussetzungen nicht gegeben waren. Die Möglichkeit der Lagerstättenbildung der verschiedensten mineralischen Rohstoffe ist durch metallogenetische Analyse, tektonische, paläogeographische u. a. Regionaluntersuchungen festzustellen.

Als Ergebnisse dieser Arbeiten sind vorzulegen:

Metallogenetische Karten, in denen für bestimmte Rohstoffe lagerstättenhöffige Räume möglichst nach Höffigkeitsgrad, Tiefenlage und anderen Parametern ausgesondert sind.

Feststellung der Gesetzmäßigkeiten der Bildung und Verteilung von Lagerstätten sowie der genetischen Lagerstättentypen in dem untersuchten Gebiet.

Empfehlungen für den Ansatz von Sucharbeiten auf einen bestimmten, in diesem Stadium als höffig erkannten Rohstoff. Neben diesen Ergebnissen können in manchen Fällen prognostische Vorräte der Untergruppe δ_2 angegeben werden.

3.2 Sucharbeiten

Auf Grund der Hinweise über die Möglichkeit der Lagerstättenbildung eines bestimmten mineralischen Rohstoffes werden Sucharbeiten angesetzt. Dazu sind dem Erkundungsgeologen verschiedene Daten vorzugeben. Es handelt sich dabei um einige relativ allgemeine Erkundungsrichtwerte, die sich auf die Lagerstätte und den Rohstoff beziehen (z. B. maximale Teufe, Mächtigkeit, Minimalgehalt der nutzbaren Komponente).

Bei günstigem Ausgang der Sucharbeiten werden neben dem Nachweis des Fundes des bestimmten Rohstoffes u. a. folgende Ergebnisse vorgelegt:

Feststellung des Lagerstättentypes, der Art der Verzerzung, des Gehaltes von Nebenkomponenten oder schädlichen Komponenten. In der Regel können prognostische Vorräte der Untergruppe δ_1, in besonderen Fällen Vorräte der Klasse C_2 ausgewiesen werden. Diese Vorräte werden nach den vorgegebenen Richtwerten berechnet.

3.3 Vorerkundung

Hauptziel der Vorerkundung ist die Feststellung, ob bei den Sucharbeiten tatsächlich eine Lagerstätte gefunden wurde. Da aus dem vorangegangenen Stadium nur Kenntnisse aus einzelnen, in größeren Entfernungen stehenden Aufschlüssen vorliegen, können keine exakt begründeten Richtdaten ermittelt werden. Den Arbeiten der Vorerkundung werden aus diesem Grunde die gleichen Richtwerte wie den Sucharbeiten vorgegeben. Zu diesen Richtwerten kommen noch einige weitere hinzu, die ebenfalls nur relativ allgemein gehalten sind (z. B. Mindestvorratsmenge, Maximalgehalt schädlicher Komponenten). Nach der Vorerkundung können eine eingehendere Beurteilung der Eigenschaften des Rohstoffes und der Lagerungsverhältnisse gegeben und die Grenzen der Lagerstätte genauer festgelegt werden. Die Ergebnisse der Vorerkundung sind zu analysieren. Dabei werden die Erkundungsrichtwerte konkretisiert und ergänzt, d. h. auch auf die angetroffenen Verhältnisse abgestimmt. Diese neugeschaffenen Daten berücksichtigen die gegenwärtigen und zukünftigen technischen Möglichkeiten der Industrie für die Nutzung des Rohstoffes. Das sind die Konditionen. Nach diesen Konditionen werden die bei der Vorerkundung festgestellten Vorräte berechnet. Auf der Grundlage der Ergebnisse des geologischen Studiums und der Vorratsberechnung ist die industrielle Einschätzung der Lagerstätte vorzunehmen.

3.4 Eingehende Erkundung

Die eingehende Erkundung wird nur dann angesetzt, wenn die industrielle Einschätzung nach Abschluß des Stadiums der Vorerkundung zum Aufschlußentscheid der Lagerstätte geführt hat. Dem Geologen werden die Konditionen vorgegeben. Dabei handelt es sich normalerweise um die gleichen Daten, die nach Abschluß der Vorerkundung festgelegt wurden. Mit dem Fortschreiten der Erkundungsarbeiten werden sich die Kenntnisse über die Lagerstätte laufend erweitern. Damit wird die Voraussetzung geschaffen, noch weitere Bedingungen zur technologischen Kennzeichnung und zur ökonomischen Beurteilung des Rohstoffes festzulegen (z. B. maximale Mächtigkeit von Zwischenmitteln, zulässige Gestehungskosten DM/t Erz bzw. Metall).

Nach Abschluß der eingehenden Erkundung hat der Geologe u. a. folgende Ergebnisse bzw. Unterlagen vorzulegen:

Umfassendes Material seines geologischen und lagerstättenkundlichen Studiums, weitgehende Klärung der bergtechnischen und hydrogeologischen Verhältnisse, Nachweis der Qualität und verarbeitungstechnologischen Eigenschaften des Rohstoffes, Angaben über die voraussichtlichen Gestehungskosten (Abbau, Verarbeitung) und die in Betracht kommende jährliche Förderung, Berechnung der Vorräte auf der Grundlage der Konditionen. Dazu ist die industrielle Einschätzung der Lagerstätte zu überarbeiten. Sie kann nach diesem Stadium genauer erfolgen als nach der Vorerkundung.

Die Ergebnisse und der Umfang der erarbeiteten Unterlagen müssen ausreichen, die Grundlage zur Ausarbeitung des Projektes zu geben.

Damit ist die geologische Erkundung im engeren Sinne abgeschlossen.

4. Vorschläge zu den Begriffsbestimmungen der Richtwerte und Konditionen

In den bisherigen Diskussionen zur Festlegung der Konditionen für mineralische Rohstoffe wurden die verschiedensten Begriffe eingeführt: Industriekonditionen, Lagerstättenkonditionen, Rohstoffkonditionen, Erkundungskonditionen, Abbaukonditionen, Betriebskonditionen. G. PRATZKA unterscheidet außerdem Konditionsklassen und Konditionsgruppen (Protokoll 1961).

Entsprechend den vorangegangenen Ausführungen wird vorgeschlagen, bei der Lagerstättenerkundung und Lagerstättennutzung nur Richtwerte und Konditionen zu unterscheiden. Für diese Begriffe werden folgende Definitionen vorgeschlagen:

Richtwerte sind einzelne wesentliche, relativ allgemein gehaltene Forderungen, welche die Industrie gegenwärtig an den mineralischen Rohstoff stellt.

Konditionen sind ein Komplex minimaler — in gewisser Richtung auch maximaler — Forderungen, welche die Industrie für die Nutzung eines mineralischen Rohstoffes gegenwärtig und in der nächsten Zukunft an den Rohstoff stellt.

Richtwerte und Konditionen beziehen sich sowohl auf die Lagerstätte (Bergbau) als auch auf den Rohstoff (Verarbeitung).

Statt des eingeführten Begriffes Abbaukondition sollte nur noch von Plankennziffern, -auflagen usw. gesprochen werden.

Der in der Vergangenheit unterschiedlich ausgelegte Sammelbegriff „Industriekonditionen" sollte in Zukunft nicht mehr verwendet werden.

Zusammenfassung

Die verschiedenen Stadien der geologischen Erkundung werden abgegrenzt und definiert. Es wird untersucht, welche Art von Daten dem Geologen vor Ansatz der Erkundungsarbeiten vorzugeben sind und welche Arbeitsergebnisse er vorzulegen hat. Für die Sucharbeiten und Vorerkundung ist es zweckmäßig, statt streng umrissener Konditionen nur relativ allgemein gehaltene Richtwerte vorzugeben, da die konkreten Lagerstättenverhältnisse vor diesen Stadien noch nicht genügend bekannt sind. Erst nach Abschluß der Vorerkundung sind Konditionen auszuarbeiten, die Grundlagen für die Berechnung der Ergebnisse der Vorerkundung und die gesamte weitere Erkundung und Berechnung der Vorräte bilden. Es sollten bei der weiteren Diskussion zur Festlegung der Forderungen an Lagerstätte und Rohstoff möglichst nur die Begriffe Richtwerte, Konditionen und Planauflage verwendet werden.

Резюме

Авторы разграничивают и определяют этапы геологических и поисково-разведочных работ. Исследуется, какого рода данные надо задать геологу до заложения поисково-разведочных работ и какие результаты работ он должен представить. В случае поисковых работ и предварительной разведки целесообразно задать лишь сравнительно общие ориентировочные данные вместо строго установленных кондиций, так как до этих этапов конкретные условия месторождения еще недостаточно освещены. Только после выполенения предварительной разведки следует разработать кондиции, являющиеся основами для подсчета результатов предварительной разведки и для всей последующей разведки и подсчета запасов. Предлагается, чтобы при дальнейшей дискуссии с целью установления требований к месторождению и сырью воспользоваться по возможности только понятиями ,,ориентировочные данные, кондиции и плановые задания''.

Summary

The limits of the different stages of geological reconnaissance are determined and defined. The present investigation includes the kind of data to be presented to the geologist before starting reconnaissance works as well as the results expected. Presenting only relatively general approximate values instead of clearly defined conditions is more suitable for prospecting and preliminary reconnaissance, because real deposit conditions are not sufficiently known prior to these stages. Conditions can only be worked out after completion of preliminary reconnaissance, which underlie the calculation of results of preliminary reconnaissance and the whole future reconnaissance and calculation of reserves. Further discussions dealing with deposit and raw material requirements should only contain terms such as approximate values, conditions and plan requirement.

Literatur

KAUTZSCH, E.: Die einzelnen Stadien bei der geologischen Erkundung nutzbarer mineralischer Rohstoffe. — Z. angew. Geol., 5, S. 523—528 (1959).

STAMMBERGER, F.: Zur Festlegung der Konditionen für mineralische Rohstoffe. — Z. angew. Geol., 5, S. 458—463 (1959).

— Zur Festlegung der Konditionen für mineralische Rohstoffe. Beitrag zur Ausarbeitung einer Methodik für die DDR (1) und (2). — Z. angew. Geol., 6, S. 444—450 und 490—496 (1960).

VOGEL, E.: Zur Erkundung von Lagerstätten. — Bergbautechnik, 6, S. 171 bis 177 und 279—283 (1956).

Protokoll über die Konferenz zum Problem der Industriekonditionen am 27. 1. 1961 in Berlin. — Unveröffentl. Akten der ZVK (1961).

Richtlinien der ZVK über Form und Inhalt von Vorratsberechnungen vom 4. Mai 1961. — Z. angew. Geol., 7, S. 479—482 (1961).

Erfassung und Berechnung nutzbarer Rohstoffe im Deckgebirge der Braunkohlenfelder

(Veröffentlichung der ZVK — Nr. 4)

WALTER MEHNER, Berlin

Die Zentrale Vorratskommission (ZVK) hat in der Sitzung vom 13. Juli 1961 folgende vorläufige Anweisung beraten und beschlossen [vgl. Z. angew. Geol., 7, S. 534 (1961)]:

1. Die bei der Erkundung von Braunkohlen in den Deckschichten (Abraum) der in Produktion stehenden Baufelder und der Braunkohlenzukunftsfelder angetroffenen nutzbaren Tone (Kaoline), Sande und Kiese sind zu berechnen und zusammen mit den Braunkohlenvorräten — jedoch getrennt nach Rohstoffen — zur Bestätigung einzureichen.

2. Solche in Deckschichten berechneten Vorräte werden gemäß ihrem Erforschungsgrad und unter Berücksichtigung der Forderungen, die an die Erkundung dieser Rohstoffe gestellt werden, in die entsprechenden Vorratsklassen eingestuft. Diese Klassen können sich von den Vorratsklassen für Braunkohlen des gleichen Berechnungsblockes unterscheiden.

3. Die berechneten Schichten nutzbarer Rohstoffe in den Deckschichten müssen in Abhängigkeit von der Qualität des Rohstoffes mindestens 2—3 m mächtig sein, um als Nebenprodukt der Braunkohlengewinnung berechnet und bilanziert werden zu können.

4. Die Dokumentation und Bemusterung dieser Rohstoffe erfolgt nach den gültigen Bestimmungen:

a) Vorläufige Arbeitsanweisung zur Felddokumentation geologischer Erkundungsarbeiten der StGK. — Z. angew. Geol., 2, S. 558—564 (1956).

b) Vorläufige Arbeitsanweisung der StGK zur Kernentnahme und Kernbehandlung bei geologischen Erkundungsbohrungen. — Z. angew. Geol., 2, S. 556—558 (1956).

c) Vorläufige Richtlinien für die organisatorische Durchführung und die Kontrolle chemisch-analytischer Arbeiten. — Z. angew. Geol., 5, S. 111—113 (1959).

Es erscheint notwendig, diese vorläufige Anweisung näher zu erläutern.

1. Sinn und Zweck der vorläufigen Anweisung

Nach 1945 sind in dem Bemühen, wertvolle Lagerstätten im Abraum von Braunkohlenfeldern zu erfassen und für eine industrielle Nutzung zu gewinnen, durch Verhandlungen der staatlichen Organe mit den VVB der Braunkohle und anderer Industriezweige einige Erfolge zu verzeichnen. So konnten im Tagebau Heide bei Hohenbocka hochwertige Tone und Glassande erfaßt, gesondert geschnitten und der verarbeitenden Industrie zugeführt werden, im Tagebau Klettwitz bei Senftenberg Steinzeug- und Klinkertone, im Tagebau Haselbach (allerdings noch im Anfangsstadium stehend) feuerfeste Tone.

Die Erkundungsarbeiten der Staatlichen Geologischen Kommission (StGK), die teilweise durch Hinweise der Braunkohlenindustrie veranlaßt wurden, haben weitere wertvolle Lagerstätten im Deckgebirge bestehender oder projektierter Kohlentagebaue nachgewiesen, z. B. Betonkies Borna-Ost, Steinzeug- und Klinkerton Welzow-Süd und Nochten, Kachelton Klettwitz.

Es handelt sich dabei meist um solche Lagerstätten, die entweder wegen zu hohen Abraums von der örtlichen Industrie überhaupt nicht oder wegen des rasch voranschreitenden Abraumschnitts nicht rechtzeitig abgebaut werden können. Sie sind daher nur durch die Kohlenindustrie bei Vorliegen günstiger technischer Bedingungen und eines wirtschaftlich vertretbaren Aufwandes zu gewinnen.

Die aufgeführten Beispiele sind jedoch nur besonders markante Einzelfälle. Über insgesamt im Deckgebirge der Braunkohle sicherlich vorhandene Lagerstätten der Steine und Erden ist leider bisher nur wenig bekannt. Es ist daher erforderlich, im Vorfeld bestehender Kohlentagebaue und in den Feldern projektierter Tagebaue alle wertvollen nutzbaren Schichten im gesamten Abraum, d. h. unabhängig von der Tiefenlage, festzustellen und nach Umfang (Verbreitung, Mächtigkeit) und Qualität zu dokumentieren und zu berechnen. Nur so kann die Leitung unserer Wirtschaft ausreichende Unterlagen über Vorräte der Steine und Erden im Deckgebirge der Braunkohle erhalten, die ihren Entscheidungen über Gewinnung und Aufhaldung derartiger Rohstoffe bei der Perspektiv- und Vorplanung zugrunde gelegt werden können.

Die in der Instruktion zur Anwendung der „Klassifikation der Lagerstättenvorräte fester mineralischer Rohstoffe" auf Braunkohlenlagerstätten der DDR v. 9. 12. 59 [Z. angew. Geol., 6, S. 222—226 (1960)] für diesen Nachweis enthaltenen Bestimmungen der Punkte 5.19, 5.33 und 5.51 sind lückenhaft und deshalb durch die eingangs erwähnte vorläufige Anweisung ergänzt und exakter formuliert worden.

2. Erläuterungen zur vorläufigen Anweisung

2.1 Verantwortlich für die Berechnung

Verantwortlich für Erfassung und Berechnung nutzbarer Schichten im Deckgebirge der Braunkohle sind die jeweiligen Erkundungsbetriebe, d. h. vor allem die Erkundungsorgane der Braunkohlenindustrie und die VEB Geologische Erkundung der StGK. Sie haben mit den Berechnungen der Braunkohlenvorräte zugleich die Berechnung von Lagerstättenvorräten der Steine und Erden, getrennt nach Rohstoffarten, bei der ZVK zur Bestätigung einzureichen.

2.2 Nutzbare Schichten

2.21 Hierzu gehören alle nutzbaren Rohstoffe der Steine und Erden. Unter Berücksichtigung der spezifischen Verhältnisse sind besonders wertvolle Rohstoffe, mit denen die DDR nur unzureichend versorgt ist, unbedingt zu dokumentieren und einer industriellen Nutzung zuzuführen.

2.211 Sand: Reine Quarzsande verschiedener Körnung (Gießerei- und Glassande, Putz- und Mörtelsande). Schwermineralsande (besonders mit größerem Anteil von Zirkon).

2.212 Kies: Grobkörnige, reine Kiessande und Kiese (Betonzuschlagstoff, Filterkies, Gebläsekies u. a.).

2.213 Ton (Kaolin): Rohstoffe für die keramische Industrie (Porzellan, Steingut, Steinzeug, Ziegel, Drainrohre, Kacheln, Schamotte, Baukeramik) sowie als Zuschläge für Erzeugnisse anderer Industrien (Aluminiumsulfatton, Glashafenton u. a.).

2.22 In Übereinstimmung mit den Vorschlägen der Braunkohlenindustrie ist im Deckgebirge eine nutzbare Schicht von mindestens 2—3 m Mächtigkeit in Abhängigkeit von der Qualität des Rohstoffes „aushaltungswürdig" und zu dokumentieren.

2.3 Empfehlungen für die einzuhaltende Ordnung bei der Erkundung

Die notwendige Erfassung aller nutzbaren Rohstoffe der Steine und Erden im Deckgebirge von Braunkohlentagebauen muß so organisiert werden, daß die hierfür verausgabten Mittel rationell angelegt werden und keine Verzögerung der eigentlichen Braunkohlenerkundung eintritt. Folgende Ordnung bei der Erkundung wird diesen Gesichtspunkten am besten gerecht:

2.31 Sucharbeiten

Bei Sucharbeiten auf Braunkohlen sind die Bohrungen durchgehend zu kernen. Alle im Deckgebirge angetroffenen nutzbaren Schichten entsprechender Mächtigkeit sind auf ihre Qualität und Verwendungsmöglichkeit zu prüfen. Werden dabei Schichten festgestellt, die lt. vorliegender Anweisung der ZVK zu berechnen sind, so wird ihre Erkundung in das Projekt der Vorerkundung aufgenommen.

2.32 Vorerkundung

Bei der Vorerkundung sind in allen Bohrungen neben jenen Schichten, die für die eigentliche Braunkohlenerkundung Bedeutung haben, obligatorisch auch die Schichten im Deckgebirge zu kernen und zu untersuchen, die auf Grund der Sucharbeiten als nutzbar erkannt wurden.

Die Ergebnisse der Vorerkundung sind Grundlage der Vorplanung, d. h. der industriellen Einschätzung des Vorratsfeldes. Zu diesem Zeitpunkt muß in der Regel entschieden werden, ob die Nutzung der im Deckgebirge festgestellten Schichten ökonomisch vertretbar ist oder nicht.

Ergeben die Berechnungen, daß ihre besondere Gewinnung, Aufhaldung usw. ökonomisch unzweckmäßig ist, werden sie nicht weiter beachtet und aus der entsprechenden Bilanz der Vorräte gestrichen.

Erweist sich ihre Gewinnung als ökonomisch zweckmäßig, sind die für eine Gewinnung vorgesehenen Schichten bei der weiteren Braunkohlenerkundung (Verdichtungsbohrungen) unbedingt zu beachten.

2.33 Eingehende Erkundung

In diesem Falle ist es notwendig, in entsprechenden Abständen Kernbohrungen niederzubringen, um weitere Einzelheiten über den Rohstoff und seine Lagerungsverhältnisse zu erhalten.

2.4 Bemusterung

2.41 Schichtenaufnahme und Probenahme sind nach den bestehenden Vorschriften durchzuführen (vgl. Pkt. 4a/b der Anweisung).

2.42 Die Auswahl der für nutzbare Schichten charakteristischen Mischproben trifft der geologische Bearbeiter. Sie ist abhängig vom Verwendungszweck und der Beständigkeit der Eigenschaften des Rohstoffes sowie vom jeweiligen Erkundungsstadium.

2.43 Die Probenmenge, als Mischprobe anteilig nach der Mächtigkeit der durchteuften nutzbaren Schichten zusammengestellt, richtet sich nach der Art des Rohstoffs. Für Laboruntersuchungen von Ton und Kaolin genügen im allgemeinen 2—5 kg, von Sand und Kies 0/1 mm 2 kg, 0/7 mm 6 kg, 0/20 mm 20 kg, 0/70 mm 40 kg. Für Untersuchungen im industriellen Maßstab (Großversuche!) sind relativ große Mengen erforderlich.

2.44 Die Bemusterung nutzbarer Rohstoffe ist neben der Feststellung des Lagerstättenumfangs der entscheidende Faktor für die Beurteilung der Gewinnungs- und Verwendungsmöglichkeit. Sie hat daher in hinreichendem Maße die günstigen und ungünstigen Eigenschaften des Rohstoffs nach den bestehenden DIN- und TGL-Vorschriften sowie den in Pkt. 4c der Anweisung genannten Richtlinien auszuweisen.

2.45 Kann der erkundende Betrieb diese Qualitätsuntersuchungen nicht in eigenen Laboratorien durchführen, sind Spezialinstitute (Inst. f. Grobkeramik, Großräschen, DAMW, StGK und VEB Geologische Erkundungsbetriebe) einzuschalten.

In vielen Fällen dürften Vereinbarungen zwecks koordinierter Erkundung und Untersuchung zwischen der Braunkohlenindustrie und den Erkundungsbetrieben der StGK sinnvoll sein.

2.5 Vorratsberechnung

2.51 Vorräte nutzbarer Schichten im Deckgebirge der Braunkohle werden analog den Braunkohlenvorräten in Übereinstimmung mit der z. Z. gültigen Klassifikation der Lagerstättenvorräte fester mineralischer Rohstoffe v. Sept. 1956 [Z. angew. Geol., **2**, S. 448—450 (1956)] berechnet [vgl. auch „Richtlinien der ZVK über Form und Inhalt von Vorratsberechnungen". — Z. angew. Geol., **3**, S. 189—191 (1957); und F. STAMMBERGER: „Einführung in die Berechnung von Lagerstättenvorräten fester mineralischer Rohstoffe". — Berlin 1956].

2.52 Unter Berücksichtigung des Erforschungsgrades der Lagerstätte und der Forderungen, die für die Erkundung solcher Rohstoffe maßgebend sind, erfolgt die Einstufung in Vorratsklassen.

2.53 Da der Lagerstättentyp dieser nutzbaren Schichten im Abraum in der Regel komplizierter als bei Braunkohlenlagerstätten ist, ändern sich auch die Richtwerte für den Bohrabstand und demzufolge die Einstufung in Vorratsklassen. Im allgemeinen werden nur Bilanzvorräte der Klassen C_2 und C_1 anfallen.

3. Schlußbemerkungen

3.1 Sucharbeiten auf nutzbare Schichten des Abraums ergeben bei großem Bohrabstand nur Hinweise auf mögliche Lagerstätten im Deckgebirge der Braunkohle, allenfalls prognostische Vorräte, d. h. erkennbare oder vermutete Vorräte.

3.2 Auf der Grundlage der Suchergebnisse ist bei der Vorerkundung bereits eindeutig die Erkundung bestimmter Horizonte an Ton, Sand und Kies festzulegen.

In diesem Erkundungsstadium sind für die Vorplanung ausreichende Unterlagen über Umfang und Qualität solcher Lagerstätten zu beschaffen, die zu entscheiden gestatten, ob die volkswirtschaftliche Bedeutung dieser Schichten deren selektive Gewinnung bei den Abraumarbeiten rechtfertigt.

3.3 Wird die selektive Gewinnung vorgesehen, hat die eingehende Erkundung, die meist von der Braunkohlenindustrie durchgeführt wird, durch Bohrungen und Bemusterungen die auszuhaltenden Lagerstätten im Deckgebirge so zu dokumentieren, daß auf Grund dieser Unterlagen das technische Projekt ausgearbeitet werden kann.

A. G. Bakirow, Tomsk

Zur Geochemie der Hyperbasite[1)]

Referiert von Wolfgang Oestreich, Berlin

Im Hyperbasitmassiv von Kimpersaj (Aktjubinsker Gebiet der Kasachischen SSR) wurden zum erstenmal systematisch die Gehalte an Ni, Co, Cu, Zn, Ag, Sr, Ba, Ti, V und Al der wichtigsten Gesteine bestimmt. Die Bestimmung des Nickels erfolgte an 198 Proben ultrabasischer Gesteine, davon entfielen 130 Proben auf Peridotitserpentinite und 68 Proben auf Dunitserpentinite. Die Hyperbasitintrusion von Kimpersaj besteht aus Peridotit- und Dunitserpentiniten; am Rand sind sie von Gesteinen der Gabbrofamilie umgeben. In den Hyperbasiten selbst treten mehrere mächtige, nord—südlich streichende Gabbrogesteinsgänge auf. Von gabbroidischen Gesteinen sind Olivingabbros, Gabbros, Gabbronorite, Norite, Hornblendegabbros, aktinolithisierte und Edenitgabbros sowie Gabbrodiorite zu beobachten; durch die Metamorphose der Gabbroide sind ferner Amphibolite entstanden. Gangförmig liegen in den Peridotit- und Dunitserpentiniten noch Hornblendite, Pyroxenite, Gabbropegmatite, Albitite und Gabbrodiabase vor, neben sporadisch zu beobachtenden Quarz- und Plagioaplitgängen. In der Kontaktzone der Hyperbasite sind Chloritisierung und Amphibolitisierung zu beobachten, wobei Chlorit und Edenit entstehen. Die Hyperbasite und Gabbroide entstanden im Mitteldevon. Das Massiv wird von metamorphen präkambrischen, kambrischen und ordovizischen Gesteinen umgeben, ferner von silurischen und unterdevonischen Schiefern und Effusiva.

Das normale Verwitterungsprofil der ultrabasischen Gesteine besteht hier aus drei Zonen (von oben nach unten): Ocker, Nontronite, ausgelaugte Serpentinite; bei starker Verkieselung sind (von oben nach unten) verkieselte und ausgelaugte Serpentinite zu beobachten. Zum Mineralbestand dieser Zonen ist zu sagen, daß in den Ockern Psilomelan, Wad und Beidellit vorkommen, während in den oberen Teilen der Nontronite Psilomelan, Wad und Halloysit, in den unteren Teilen Opal und Nickelsilikate zu beobachten sind. Chlorite in den Nontroniten sind nicht selten. Die in den ausgelaugten Serpentiniten auftretenden sekundären Mineralien liegen in zwei Zonen vor: In der oberen verkieselten Zone kommen Opale, Chalcedon und Quarz sowie Garnierit vor, während in der unteren karbonatischen Zone Aragonit, Calcit, Dolomit, Magnesit und Kerolith (Saponit) vorkommen.

Die Verwitterungskruste wurde z. T. später umgelagert; in diesen Produkten treten Bauxite und Brauneisenstein auf.

Die Probenahme erfolgte nach einem regelmäßigen Netz mit einem Punktabstand von 2 km. Es wurden Stufenproben von 0,5—0,7 kg entnommen, und zwar stets von den am wenigsten verwitterten Teilen. Für die Nickelbestimmung, mit Dimethylglyoxim nach Tschugajeff & Brunck ausgeführt, wurde eine Einwaage von 1 g verwendet. Der mittlere NiO-Gehalt der Dunitserpentinite beträgt 0,39%, der Peridotitserpentinite 0,36%; für die ultrabasischen Gesteine des Massivs ergibt sich ein durchschnittlicher NiO-Gehalt von 0,37%. Am Kontakt mit den Gabbroiden war der NiO-Gehalt um das Zwei- bis Dreifache höher (er erreichte 1,15%). Die mikroskopische Untersuchung ergab, daß der Ni-Gehalt als Pentlandit vorliegt.

Nickel liegt in höherer Konzentration in der Verwitterungskruste der Hyperbasite vor (in den Ockern 0,4%, in den Nontroniten 1,3%, in ausgelaugten Serpentiniten 1,1%). Allgemein ist folgende, durch die Erkundungsarbeiten bewiesene Tendenz festzustellen: Der Nickelgehalt nimmt von den Ockern nach den Nontroniten und ausgelaugten Serpentiniten hin zu und erreicht seinen Maximalwert im unteren Teil der Nontronite. In der karbonatischen Zone der Serpentinite fällt der Nikkelgehalt schnell ab. Nickel wurde außerdem in einer Konzentration von 0,01—0,1% in den Chromiterzen der Lagerstätte Kimpersaj nachgewiesen. Über die Gehalte anderer Elemente bringt A. G. Bakirow folgende Angaben:

Der Gehalt an Kobalt in den Serpentiniten bewegt sich im Intervall von 0,001—0,1%, in den Chromiterzen von 0,05—0,5%. Ein maximaler Gehalt ist in den Manganvorkommen der Verwitterungskruste — den Asbolanen — zu verzeichnen (über 1%). Der Kupfergehalt der untersuchten Proben liegt meist unter 0,005%, mit Ausnahme von drei chloritisierten Serpentiniten, zwei Ockerproben und einer Nontronitprobe, in denen der Cu-Gehalt bis auf 0,01% ansteigt.

Der Zinkgehalt liegt bei 0,1%.

Silber kommt selten vor. Es wurde nur in zehn Serpentinitproben gefunden (vorwiegend Dunitserpentinite), die aus der Kontaktzone entnommen wurden. Die Gehalte betrugen 0,01%.

Strontium konnte in den meisten Gabbroiden und Amphiboliten in einer Konzentration von 0,001—0,5% nachgewiesen werden, ferner in den Mineralien Aragonit (0,05—0,1%) und Garnierit (0,001—0,01%); in den Chromiten wurde es nicht nachgewiesen.

Die größte Bariumkonzentration ist in den Asbolanen zu beobachten (bis 0,5%), während es in den Serpentiniten nicht gefunden werden konnte. In den Amphiboliten und Bauxiten wurde Titan in einer Konzentration bis zu 1% festgestellt. In Chloriten wurde dieses Element nicht gefunden.

Vanadin trat in den Chromiterzen, Hornblenditen und Pyroxeniten in einem Intervall von 0,005—0,05% auf. In einem großen Teil der Gabbroide und Amphibolite kommt es in Spuren bis zu 0,5% vor. Die Dunitserpentinite selbst enthalten im Bereich der Chromitlagerstätten im Gegensatz zu den Chromiten kein Vanadin.

Allgemeine Feststellungen: Die in den ultrabasischen und basischen Gesteinen dispers verteilten Metalle Kupfer, Zink und Silber folgen Bereichen mit unerheblicher Akkumulation von Sulfiden und dem Kontakt zwischen Hyperbasiten und Gabbroiden. Höhere Kobaltkonzentrationen (0,05—1%) liegen in den chloritisierten Serpentiniten der Kontaktzone vor.

[1)] Aus: „Geochimija", Nr. 1, 1961, S. 84—89

Die Spurenelemente der Buntmetallerze und die Methodik ihrer Vorratseinschätzung[1]

A. M. BYBOTSCHKIN, Moskau

Als Rohstoffquellen zur Gewinnung von Spurenelementen dienen hauptsächlich die vielen Abgänge der Kokereien, die Schlämme kupferraffinierender Werke, der Flugstaub von Brenn- und Schmelzöfen, die Abgänge der Zink-, Blei- und Aluminiumproduktion, die Kohlenaschen usw.

In Buntmetallerzen werden die Spurenelemente in der Regel in unwesentlichen Konzentrationen angetroffen. Nur wenige Lagerstätten zeichnen sich durch relativ hohe Gehalte an Spurenelementen aus, die in Form eigener Mineralien in ihnen vorkommen. Beispielsweise enthalten die Erze der Lagerstätte „Prinz Leopold" in Tsumeb (Afrika) infolge des Vorhandenseins von Germanit und Renierit im Durchschnitt 0,01 bis 0,02% Germanium. Bekannt sind auch vereinzelte Lagerstätten, in denen Selen, Thallium u. a. als industrielle Komponenten den Wert ausmachen. Die Verbreitungsform der Spurenelemente in Erzen von Buntmetallagerstätten ist bisher ungenügend untersucht, jedoch zeigten Beobachtungen, die in der Sowjetunion und im Ausland angestellt wurden, daß die Spurenelemente in der Hauptsache als isomorphe Beimischungen in den Erz- und Nichterzmineralien, seltener jedoch in Form feinster Einsprengungen eigener Mineralien vorkommen.

Die Konzentration von Spurenelementen in den Erzen von Buntmetallagerstätten hängt von einer Reihe Faktoren ab:

a) von den geochemischen Besonderheiten der Spurenelemente, die die Eigenschaften chalkophiler Elemente (Germanium, Indium, Rhenium, Kadmium, Selen, Tellur, Thallium sowie weniger deutlich Gallium), ferner lithophile Elemente (Germanium, Thallium, Gallium, Skandium) und siderophile Elemente (Germanium) besitzen;
b) von dem analogen Aufbau der Elektronenschalen der chalkophilen Spurenelemente;
c) von den wenig voneinander abweichenden Abmessungen der Ionenradien bei chalkophilen Spurenelementen sowie von ihrer gleichen Wertigkeit;
d) von der gleichen Koordinationszahl;
e) von den physikalisch-chemischen Bildungsbedingungen der Erze (Temperatur, Druck, Löslichkeit, Löslichkeits- und Konzentrationsveränderungen der Lösung usw.), die die Zusammensetzung und Menge der Spurenelemente in den erzbildenden Mineralien bestimmen.

Zum gegenwärtigen Zeitpunkt hat sich in der Sowjetunion und im Ausland eine Menge Tatsachenmaterial angesammelt, das die Konzentration der Spurenelemente in den endogenen Lagerstätten der Buntmetalle charakterisiert.

Bei Gallium handelt es sich um ein lithophiles Element mit nur schwach ausgeprägten chalkophilen Eigenschaften. Es ist in mehr als hundert Mineralien festgestellt. Ein bedeutender Teil des Galliums ist isomorph an Alumosilikate gebunden, in denen es in tausendstel, seltener in hundertstel Prozent konzentriert ist.

In sulfidischen Mineralien schwankt der Galliumgehalt in bedeutenden Grenzen (von 0,000X bis 0,X Prozent). Beispielsweise beträgt er in den Blei-Zink-Erzen der Lagerstätten von Mississippi (USA), wo das Gallium hauptsächlich an Sphalerit gebunden ist, 0,1%. Unter den Sauerstoffverbindungen wird Gallium in den Kassiteriten vermerkt; in den Zinnerzen von Bolivien erreicht sein Anteil 0,05%. Die hauptsächlichen Rohstoffquellen zur Gewinnung von Gallium bilden Bauxite, aber auch Erze von Lagerstätten der Polymetalle.

Thallium ist durch lithophile und chalkophile Eigenschaften gekennzeichnet. Die überwiegende Menge des Thalliums ist an sulfidische Mineralien (Galenit, Markasit, Chalkopyrit usw.), in geringerem Maße an die Silikate (Feldspat, Glimmer usw.) gebunden. Unter den sulfidischen Mineralien wurden die höchsten Thalliumkonzentrationen am Galenit (im Mittel 100 g/t), ferner im Markasit (bis zu 500 g/t) festgestellt. Es ist bezeichnend, daß Galenit, Sphalerit, Markasit und Pyrit niedrigthermaler sulfidischer Lagerstätten gewöhnlich höhere Thalliumkonzentrationen führen als ihre Analoga aus hochthermalen Lagerstätten. Es sind 5 eigene Mineralien des Thalliums bekannt, die überaus selten vorkommen.

Thallium gewinnt man beiläufig bei der Bearbeitung von Blei-, Zink- und Kieskonzentraten.

Das Indium ist ein chalkophiles Element. Eigene Mineralien bildet es nicht. Es tritt gewöhnlich in Gestalt einer diffusen, isomorphen Beimischung in mehr als 20 Mineralien auf. Besonders hohe Indiumkonzentrationen sind im schwarzen Sphalerit (bis 1%), im Chalkopyrit und im Kassiterit (bis 1000 g/t) festgestellt worden.

In anderen sulfidischen Mineralien ist der Indiumgehalt unbedeutend. Die Hauptquelle der Indiumgewinnung bilden Zinkkonzentrate, in geringerem Maße auch die des Kupfers und des Zinns.

Kadmium besitzt die Eigenschaften chalkophiler Elemente. Es bildet 5 eigene Mineralien, die außerordentlich selten vorkommen. Die Hauptmasse des Kadmiums ist mit dem Sphalerit verbunden, der es bis zu 4,5% enthält. Andere sulfidische Mineralien (etwa 10 an der Zahl) sind durch niedrige Kadmiumführung gekennzeichnet. Kadmium wird aus Zinkkonzentraten gewonnen.

Das Germanium ist durch chalkophile, siderophile und lithophile Eigenschaften charakterisiert. Es gibt einige selbständige Germaniummineralien (Germanit, Argyrodit, Renierit u. a.), doch findet man sie selten. Einige sulfidische Mineralien enthalten Germanium: Sphalerit, Enargit (bis zu 1000 g/t), Chalkopyrit, Bornit, Galenit, Pyrit usw., gleichfalls auch Kassiterit (bis 100 g/t). Es kommt auch zusammen mit silikatischen Mineralien vor (Topas, Granat, Glimmer, Chlorit, Quarz u. a.). Als Rohstoffe zur Germaniumgewinnung dienen Germanium-, Zink- und andere sulfidische Konzentrate, ferner die Abgänge der Kokereien und Aschen, die bei der Verbrennung energetischer Kohlen zurückbleiben.

Das Selen ist ein chalkophiles Element. Es wird in gediegenem Zustand und in der Form von mehr als 40 eigentlichen Selenmineralien angetroffen. Letztere allerdings werden seltener beobachtet und bilden fast nie industrielle Anreicherungen. Hohe Selenkonzentrationen wurden in einer Reihe von Kohlen- und Uranlagerstätten sedimentärer Entstehung in den USA festgestellt.

[1] Aus: „Raswedka i ochrana nedr", Nr. 9, 1960. – Übers.: W. BACH

Große Mengen von Selen gehen als Beimengung in die Zusammensetzung des Pyrits, des Chalkopyrits, des Galenits, des Sphalerits u. a. ein. Die Selengewinnung geschieht hauptsächlich in Abhängigkeit von Kupfer- und Blei-Zink-Konzentraten.

Tellur besitzt die Eigenschaften chalkophiler Elemente. Über 40 eigene Tellurmineralien sind bekannt. Sie kommen nur selten vor. Die Hauptmasse des Tellurs ist in der Form einer isomorphen Beimengung mit Sulfiden verbunden (Chalkopyrit, Pyrit, Pyrrhotin, Arsenopyrit, Galenit, Fahlerz usw.), die bis zu 1000 g/t Tellur enthalten können. Besonders hohe Tellurkonzentrationen wurden im Chalkopyrit und im Pyrrhotin der sulfidischen Kupfer-Nickel-Lagerstätten in Kanada und Afrika festgestellt, in denen das Verhältnis von Selen zu Tellur von 1:4 bis 1:2,3 schwankt. Tellur wird aus dem Anodenschlamm der Elektrolyt-Kupferbetriebe gewonnen.

Rhenium zeichnet sich durch chalkophile Eigenschaften aus. Seine größten Konzentrationen wurden im Molybdänit (2—2500 g/t) und im Chalkopyrit festgestellt. Es ist in einigen silikatischen Mineralien, wie Columbit, Tantalit, Wolframit, Rutil, Pyrit u. a., in millionstel Prozent enthalten. Eigene Rheniumminera-lien sind unbekannt. Zur Rheniumgewinnung werden die Halbprodukte und Abfälle der Molybdän- und Kupferproduktion verwandt.

Skandium ist ein typisch lithophiles Element. Nur zwei Mineralien des Skandiums sind bekannt: der Thortveitit und der Befanamit. Skandium ist hauptsächlich an Kassiterit (bis 3%), an Wolframit (bis 1%), an Hübnerit (bis 0,27%), Ferberit (bis 0,10%) u. a. geknüpft. In Sulfiden, Arseniden, Sulfosalzen und haloiden Verbindungen wurde Skandium nicht festgestellt. Man gewinnt es beiläufig bei der Verarbeitung von Wolfram- und Zinnkonzentraten.

Aus der kurzen Charakteristik der Konzentration der Spurenelemente ist ersichtlich, daß die Form ihres Auftretens in den Erzen endogener Buntmetallagerstätten außerordentlich kompliziert ist. Die Gehalte sind sehr niedrig. Die Erforschung solcher Elemente erfordert arbeitsintensive Untersuchungsmethoden, hochempfindliche und kostspielige, chemische, spektrale, Röntgenstruktur- und andere Analysen von Erzen und monomineralischen Fraktionen, ferner spezielle Schätzungsmethoden. Ungeachtet der Erforschung der Spurenelemente im Verlauf von Jahrzehnten blieben viele Fragen bis heute ungeklärt. Es gibt noch keine einheitliche Methode zur Probenahme auf Spurenelemente und deren Berechnung in Buntmetallagerstätten. Die vorhandenen chemischen und spektrochemischen Analysenmethoden auf Selen, Tellur, Rhenium u. a. Spurenelemente sind immer noch ungenügend empfindlich und genau, und die Art des Auftretens der Spurenelemente in Buntmetallagerstätten ist wenig erforscht.

In Arbeiten sowjetischer und ausländischer Wissenschaftler wurde festgestellt, daß ein bestimmter Mineralkomplex im allgemeinen die Kennzeichnung und Konzentration der in ihm enthaltenen seltenen Elemente vorbestimmt. So sind fürErze der Blei-Zink-Lagerstätten Kadmium, Indium, Tellur, Thallium, Selen, Gallium und Germanium besonders charakteristisch. Für die Kupferkies- und Kupfer-Zink-Lagerstätten ist die Anwesenheit des Selens, Tellurs, Kadmiums, Germaniums, Indiums, des Thalliums und des Galliums kennzeichnend. Für Kupfer-Molybdän-Lagerstätten sind Selen, Tellur, Rhenium und einige andere charakteristisch. In sulfidischenKupfer-Nickel-Lagerstätten finden sich Selen, Tellur, Thallium, Gallium und nicht selten auch Germanium. Für die sulfidischen Kassiteritlagerstätten sind Indium, Kadmium, Selen, Tellur, Thallium, Germanium und Gallium typisch. Quarz-Kassiterit-Lagerstätten führen Skandium sowie geringe Mengen von Germanium, Selen, Indium und Thallium. Skandium und selten Indium finden sich in Quarz-Wolframit-Lagerstätten. An Bauxitlagerstätten sind Gallium, seltner Selen und Tellur gebunden. Für Quecksilber- und Antimonlagerstätten sind Selen, Gallium und Tellur charakteristisch, für die des Molybdäns Rhenium und sehr niedrige Konzentrationen von Selen, Tellur, Germanium und Gallium. In Quarz-Gold-Lagerstätten finden sich Indium, Tellur, Germanium, Gallium und Selen.

Da nicht alle Buntmetallagerstätten den aufgezählten Komplex von Spurenelementen in solchen Konzentrationen enthalten, die von praktischem Interesse wären, muß man im Stadium der Vorerkundung mit Hilfe von Spektralanalysen die Anwesenheit der einzelnen seltenen Elemente, die der Untersuchung und der industriellen Einschätzung in den gegebenen Lagerstätten unterliegen, präzisieren.

Dabei ist zu beachten, daß diese Elemente auch bei einem kleinen Gehalt in Erzen von Buntmetallen von praktischem Nutzen sein können, wenn die Lagerstätten bezüglich ihrer Hauptkomponente industriellen Wert haben. In einem solchen Falle muß man nach einer entsprechenden Methode den Komplex der Arbeiten so ausführen, daß eine industrielle Schätzung der Spurenelemente garantiert werden kann.

In Lagerstätten, die schon bezüglich ihrer Hauptkomponenten wirtschaftlich uninteressant sind, finden die Spurenelemente in der Regel kein großes Interesse. Bei der Einschätzung solcher Vorkommen sollte man sich auf die Bestimmungen der seltenen Elemente in einzelnen Erzproben und in monomineralischen Fraktionen beschränken.

Im Falle der Feststellung anormaler Gehalte ist es zweckmäßig, eine detailliertere Probenahme durchzuführen.

Buntmetallagerstätten, die bezüglich ihrer Hauptkomponenten wirtschaftlichen Wert haben, werden auf Spurenelemente im Stadium der Vorerkundung und der Objekterkundung wie auch während des Abbaus der Lagerstätte untersucht. Die Begutachtung im letzteren Falle geschieht dann, wenn die Spurenelemente noch nicht oder nur in einer kleinen Anzahl von Proben untersucht wurden und ihre Vorratseinschätzung der Orientierung diente.

Eine solche Untersuchung vollzieht sich in zwei Etappen: in der ersten vorläufig, in der zweiten eingehend.

Im Stadium der Vorerkundung der Lagerstätte auf die Haupterzkomponente und in der ersten Untersuchungsetappe der im Abbau befindlichen Lagerstätten wird der Gehalt der Spurenelemente in den Erzen und ihr Zusammenhang mit den entsprechenden Mineralkomponenten mit Hilfe quantitativer Mineralanalysen an Proben verschiedenen Typs, an einzelnen Erzsorten und an speziell ausgesonderten Proben monomineralischer Fraktionen der hauptsächlich erzbildenden Mineralien bestimmt. Nach diesen Daten werden die einzelnen Elemente festgestellt, die dann der Erforschung im Stadium der Objekterkundung oder der Gewinnung in der 2. Etappe der Untersuchung unterworfen werden.

Gleichzeitig wird ihre Beziehung zu den hauptsächlich erzbildenden Elementen beobachtet, eine vorläufige Verteilungsbilanz der Spurenelemente auf die jeweiligen Mineralien aufgestellt, eine prognostische Vorratseinschätzung gegeben und das weitere Untersuchungsprogramm festgelegt.

Im Stadium der Objekterkundung oder des Abbaus der Lagerstätten werden solche Spurenelemente, die von praktischem Interesse sind, in einem Umfang untersucht, der die Feststellung ihrer schon nachgewiesenen, korrelativen Beziehungen zu den hauptsächlich erzbildenden Elementen, ferner die Aufstellung der Verteilungsbilanz der Spurenelemente in den erzbildenden Mineralien, Erzen und ihren Verarbeitungsprodukten und schließlich die Vorratsberechnung nach industriellen Kategorien garantiert.

Wenn während der Vorerkundung oder in der ersten Etappe der Untersuchung der in Abbau befindlichen Lagerstätten ein erhöhter Gehalt an einigen Spurenelementen festgestellt wird, muß die Schätzung ihres Gesamtgehaltes in den Erzen bei der Objekterkundung nach quantitativen Resultaten der Spektralanalysen an Gruppenproben durchgeführt werden, die durch chemische Analysen kontrolliert sind.

Diese Gruppenproben sind gleichmäßig über die gesamten aufgefahrenen Strecken und Überhaue in der Lagerstätte zu verteilen. Die Erfüllung dieser Forderung schafft eine bestimmte Ordnung in der Probenahme und gestattet, einige Gesetzmäßigkeiten im Verteilungscharakter der Spurenelemente in den drei Dimensionen des Erzkörpers herauszustellen. Sie hilft auch, die korrelative Abhängigkeit zwischen dem Gehalt an Spurenelementen und den erzbildenden Hauptelementen zu klären.

Zur Untersuchung des Zusammenhangs zwischen den Spurenelementen und den Hauptmineralien entnimmt man monomineralische Proben oder Konzentrate und analysiert sie. Diese Proben sollen die verschiedenen Varietäten der erzbildenden Mineralien charakterisieren und möglichst gleichmäßig im Bereich der Profile verteilt sein, von denen es Analysenergebnisse aus Gruppenproben gibt. Die Menge der monomineralischen Proben wird in jedem Falle unter Berücksichtigung der konkreten Besonderheiten der Lagerstätte bestimmt. Jedoch soll die Menge nicht sehr groß sein, weil die Entnahme der monomineralischen Proben und ihre Analyse ein arbeitsintensiver und kostspieliger Prozeß ist. Nach den Analysenergebnissen wird dann die Verteilungsbilanz der Spurenelemente in den erzbildenden Hauptmineralien aufgestellt. In Fällen der Unmöglichkeit, den Gehalt von Spurenelementen in Erzen infolge geringer Empfindlichkeit der Analyse festzustellen, wird man zweckmäßigerweise die Entnahme und Untersuchung von monomineralischen Proben der erzbildenden Hauptmineralien mit der Untersuchung der Proben von Konzentraten und Produkten der metallurgischen Verarbeitung korrelieren, wenn die Lagerstätte bereits abgebaut wird.

Wie im Stadium der Vor- und Objekterkundung, so müssen auch während des Abbaus der Lagerstätte in der ersten und zweiten Untersuchungsetappe unter Zugrundelegung der Analysen die verschiedenen Erztypen charakterisiert werden. Deshalb muß die Verteilung der Proben gleichmäßig im Bereich der horizontalen und vertikalen Erkundungsprofile erfolgen, die zur Einschätzung der Hauptkomponenten der Lagerstätte verwendet werden. Die Zahl der monomineralischen Proben wird in jedem Falle unter Berücksichtigung der Besonderheiten der Lagerstätte bestimmt. Doch sollen je Profil nicht weniger als drei bis fünf Proben entnommen werden. Nach der Summe der erhaltenen Daten wird die Verteilungsbilanz der Spurenelemente überprüft.

In allen Stadien der Untersuchung von Buntmetalllagerstätten sind auch während der technologischen Begutachtung der Erze auf die Hauptkomponenten Untersuchungen auf den ganzen Komplex der Spurenelemente vorzusehen. Ihr Ergebnis stellt dann die Verteilungsbilanz der Spurenelemente in den Anreicherungs- oder in den metallurgischen Verarbeitungsprodukten dar.

Die Auswahl der Analysenmethoden wird durch die Aufgabenstellung, durch die stoffliche Zusammensetzung der Erze und Mineralien, durch die Empfindlichkeit der Analysen selbst und durch den Grad der Genauigkeit bestimmt. So sind z. B. halbquantitative Spektralanalysen nur bei erhöhten Konzentrationen der Spurenelemente wirkungsvoll (bei Germanium, Gallium, Indium höher als 10 g/t; bei Kadmium, Tellur, Thallium bei 100 g/t; bei Selen über 3000 g/t). Die Anwendung quantitativer Spektralanalysen ist bei Probengehalten des Germaniums, Indiums, Rheniums, Galliums, Thalliums und des Tellurs in Mengen von über 1 bis 5 g in der t und bei Thalliumgehalten von etwa 10 g/t zweckmäßig. Man muß beachten, daß Skandium nur mit Hilfe quantitativer Spektralanalysen bestimmt wird.

Die Resultate der quantitativen Spektralanalysen und der chemischen Analysen müssen in exakter Reihenfolge einer inner- und außerbetrieblichen Kontrolle von etwa 5—10% der Gesamtzahl der analysierten Proben unterzogen werden.

Die Vorratsberechnung für Spurenelemente wird nach den Daten der quantitativen Spektralanalyse und der chemischen Analysen an Gruppenproben der Erze oder an Proben monomineralischer Fraktionen vorgenommen. Die Vorräte der Spurenelemente werden im Stadium der Objekterkundung gleichzeitig mit den Vorratsberechnungen der Hauptkomponenten, im Stadium des Abbaus der Lagerstätten dagegen entweder selbständig oder gleichzeitig mit der Berechnung der Vorräte nach den Hauptkomponenten ermittelt. In allen Fällen werden sie im Rahmen der berechneten Vorräte der Hauptkomponenten nach den Methoden der Vorratsberechnung der Spurenelemente registriert, wie sie von der Vorratskommission vorgeschrieben wurden.

Wenn zwischen den Spurenelementen und den erzbildenden Hauptkomponenten eine korrelative Abhängigkeit festgestellt ist, wird empfohlen, die Vorräte der Spurenelemente unter Berücksichtigung des Korrelationskoeffizienten zu berechnen. Nach den Gruppenproben werden die Gesamtvorräte der Spurenelemente berechnet, sofern bei der Analyse dieser Proben im Erz ihr Gesamtgehalt, der sowohl mit Erz- als auch mit Nichterzmineralien zusammenhängen kann, bestimmt wird. In diesem Falle muß man bei der Berechnung von Bilanzvorräten, die mit Erzmineralien im Zusammenhang stehen, welche zu Verkaufskonzentrat verarbeitet werden, diejenigen Vorräte aus den Gesamtvorräten ausschließen, die mit den gesteinsbildenden und Gangmineralien verknüpft sind.

Zur Bestimmung der Bilanzvorräte von Spurenelementen nach der Analyse monomineralischer Proben ist es vor allem nötig, die Menge der erzbildenden Mineralien zu bestimmen, die zu Verkaufskonzentrat verarbeitet werden. Dies wird durch die Umrechnung der im Erz enthaltenen Hauptkomponenten oder die mengenmäßige Bestimmung der ausgebrachten Mineralien aus Proben erreicht, die nach den verschiedenen Erztypen in den Profilen entnommen wurden, in denen Probenahmen auf disperse Elemente stattgefunden hatten. Nach den Angaben über Menge der Minerale und ihres Gehaltes an Spurenelementen werden die Vorräte der letzteren nach den allgemein üblichen Methoden berechnet.

Der ungleichmäßige Charakter der Verteilung solcher seltenen Elemente im Erz und in den Mineralien, die unwesentliche Menge der Proben, die zu ihrer Berechnung herangezogen wurden, aber auch die verhältnismäßig geringe Empfindlichkeit und Genauigkeit der Analysenmethoden gestatten es, die Vorräte an Spurenelementen in der Mehrzahl der Fälle nur zu den Klassen C_1 und C_2 zu zählen, was für die praktischen Ziele jedoch vollkommen ausreicht.

Die Vorräte der Spurenelemente sollte man zu den Bilanz- oder den Außerbilanzvorräten zählen, je nachdem, ob sie entsprechend derHauptabsatzkomponente in Bilanz- oder Außerbilanzerzblöcken berechnet wurden. In beiden Fällen müssen sie mit den Erzmineralien verbunden sein, deren Technologie der Verarbeitung zu Verkaufskonzentraten bekannt ist, oder auch mit Erzen, die unmittelbar zur metallurgischen oder chemischen Verarbeitung gelangen, vorausgesetzt, daß die Technologie der Verarbeitung der Spurenelemente aus den Erzen ausgearbeitet ist.

Die Menge der Spurenelemente in Lagerstätten, die mit Erzmineralien verknüpft sind, deren Technologie der Verarbeitung zu verkaufsfähigen Konzentraten nicht bekannt ist, aber auch mit Nichterzmineralien, die bei der Anreicherung auf Erze auf Halde gehen, sollte man in der Regel in der Vorratsbilanz nicht berücksichtigen.

Da die unabdingbare Voraussetzung für die rentable Gewinnung von Spurenelementen die Möglichkeit ihrer Anreicherung bei der metallurgischen Verarbeitung der Erze oder Konzentrate ist, ist es zweckmäßig, die Spurenelemente in den Buntmetallerzen unabhängig von ihrem Gehalt zu berechnen. In die Bilanz sollte man alle ausbringbaren Vorräte der Spurenelemente aufnehmen, die im Bereich der Bilanzvorräte der Erze konzentriert sind.

Zusammenfassung

Verf. behandelt in instruktiver Form das Vorkommen von Spurenelementen und ihre typische Vergesellschaftung mit anderen Mineralien. Im einzelnen wird auf die Bewertung des Auftretens dieser seltenen Elemente eingegangen und auf die Berechnungsmöglichkeit ihrer Vorräte.

Резюме

Автор в инструктивной форме обсуждает наличие рассеянных элементов и их типичную ассоциацию с другими минералами. В частности обсуждается оценка нахождения этих редких элементов и освещаются возможности подсчета их запасов.

Summary

The author instructively deals with the occurrence of trace elements and their typical association with other minerals. The evaluation of the occurrence of these rare elements and the possibilities of calculating their reserves are described in detail.

Verteilungskurven des prozentualen Gehaltes an nutzbarer Komponente[1]

ROMAN KRAJEWSKI, Kraków

Die Anwendung der mathematischen Statistik zur Charakterisierung der Lagerstättenveränderlichkeit stützt sich oft auf die Annahme, daß die Werte des untersuchten Parameters eine normale Verteilung aufweisen. Viele Forscher sind jedoch nach dem zweiten Weltkrieg von dieser Auffassung abgekommen (z. B. DE WIJS, SICHEL, JEWETT). Einige von ihnen, vor allem H. J. DE WIJS (1951, 1953), haben die Darstellung der Komponentenverteilung mit Hilfe der asymmetrischen binomischen Kurve genau ausgearbeitet. Es ist der Zweck dieses Artikels, dieses Problem an Hand der Blei-Zink- sowie der Eisen- und Pyritlagerstätten Polens darzulegen.

1. Blei-Zinkerzlagerstätten von Górny Śląsk (Oberschlesien)

Das zur Auswertung zur Verfügung stehende Material wurde mittels Längsschlitzproben aus Strecken einer Lagerstätte gewonnen und durch chemische Analysen untersucht. Die Lagerstätte ist in Blöcke von 100 $\times$200 m aufgeteilt. Im Bereich eines Blockes wurden gewöhnlich ca. 50—100 Proben entnommen. Aus einem einzigen Grubenfeld lagen Ergebnisse der Bemusterung aus einigen weit voneinander entfernten Blöcken vor.

Typische Kurven[2]) sind in Abb. 1 für die Grube A mit 1174 Proben $\sigma = 11{,}4$ (Abb. 1, Kurve 1), für die Grube B mit 370 Proben $\sigma = 7{,}1$ (Abb. 1, Kurve 2), ebenso die Verteilungskurve (Abb. 1, Kurve 3) für alle untersuchten Gruben (2683 Proben $\sigma = 9{,}35$).

Alle Verteilungskurven weisen eine durch das häufige Auftreten geringer Gehalte verursachte große Asymmetrie auf, so daß die Kurven eine positive Krümmung aufweisen. Typisch ist dies besonders bei der einflüge-

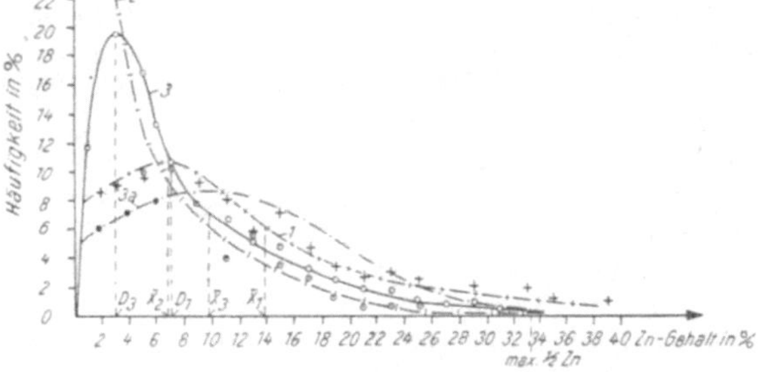

Abb. 1. Ausgeglichene Verteilungskurven der Zinkerze von Górny Śląsk

1 — Kurve für die Grube A; 2 — Kurve für die Grube B; 3 — Kurve für beide Gruben

[1]) Aus: „Archiwum Górnistwa", Jg. 2 (1957), H. 3.

[2]) Die Kurven auf den Abb. 1—3 wurden für Klassen, die 2% des Komponentengehaltes entsprechen, dargestellt, z. B. 0—2, 2—4, 4—5% usw., wobei die Häufigkeit in % der Gesamtzahl von Beobachtungen angeführt wurde.

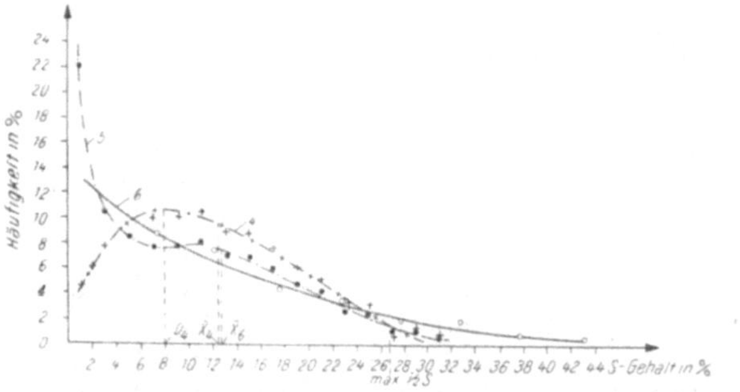

Abb. 2. Pyritlagerstätte von Wieściszowice

4 — ausgeglichene Verteilungskurve im Bereich der bauwürdigen Lagerstätte, 5 — Gesamtverteilungskurve für industrielle und ärmere Partien. Lagerstätte Staszic; 6 — Verteilungskurve für die gesamte Lagerstätte. (Die vorliegenden Daten wurden durch Punkte kenntlich gemacht.)

ligen Kurve für die Grube B, in der die größte Häufigkeit auf die unterste Klasse entfällt.

Die Kurve für die Grube A ist ebenfalls asymmetrisch, obwohl die größte Häufigkeit hier schon weiter vom Niedrigstwert entfernt liegt.

Die Mittelwerte liegen nahezu um 6% höher als der häufigste Wert.

2. Pyrite

Die dargestellten Verteilungskurven (Abb. 2, Kurve 4) beziehen sich auf Bohrkernanalysen von 1046 Proben der Lagerstätte Wieściszowice ($\sigma = 7{,}15$) und 250 Proben aus der Grube Staszic (Abb. 2, Kurve 6). Bei den beiden Lagerstätten ist ein abweichender Kurventyp zu beobachten, der nicht auf verschiedene Lagerstättentypen, sondern ausschließlich auf die Bemusterungsmethodik zurückzuführen ist. Die Proben aus der Lagerstätte Wieściszowice, auf deren Grundlage die Kurve 4 konstruiert worden ist, wurden aus einem makroskopisch als wirtschaftlich gewinnbar bezeichneten Teil entnommen, also ohne Berücksichtigung der schwach vererzten peripheren Partien. Für die Lagerstätte Staszic wurden die Ergebnisse von sämtlichen Proben aus der ganzen Lagerstätte — sowohl aus den wirtschaftlich ungeeigneten als auch aus den industriell wertvollen, auf äußerst unregelmäßige Weise miteinander verzahnten Partien — berücksichtigt.

Sobald man die erzarmen peripheren Partien (320 Proben) aus der Lagerstätte Wieściszowice berücksichtigt, beginnt das Bild der Verteilungskurve (Abb. 2, Kurve 5), demjenigen der Grube Staszic ähnlich zu werden.

3. Lias-Eisenerze in den Góry Świętokrzyskie (Polnisches Mittelgebirge)

Infolge der geringen Analysenzahl konnten nur zwei Flöze toniger Siderite, der sog. II. und III. Horizont, berücksichtigt werden. Von jedem ist eine Verteilungskurve vorhanden (Abb. 3). Sie umfassen insgesamt 434 Proben für den II. Horizont ($\sigma = 7{,}65$) und 680 Proben für den III. Horizont ($\sigma = 5{,}3$). Die Analysen betreffen Bohrkerne aus Abschnitten, die man makroskopisch leicht als solche mit abbaufähigen Erzen erkennen kann.

Die Verteilungskurven Nr. 7 und 8 der Abb. 3 sind durch negative Krümmungen gekennzeichnet, obwohl die Kurve für den Horizont III von der normalen Verteilung nur unbedeutend abweicht. Die mittleren Gehalte sind hier um 2 bis 5% geringer als bei den häufigsten.

[3]) Die Klassen entsprechen hier einem Eisengehalt von 3% und die Fraktionen den Prozenten der gesamten Probemeter.

4. Die eisenhaltigen Sande im Dogger der Góry Świętokrzyskie

Die Analysenergebnisse beziehen sich auf sehr verschieden lange Schlitzproben, die den makroskopisch unterschiedlichen Partien angepaßt sind. Bei der Konstruktion der Abb. 4 wurden als Häufigkeit die Schlitzmeter (und nicht die Schlitzanzahl) mit den auf die gegebene Klasse[3]) entfallenden Analysen zugrunde gelegt. Insgesamt standen hier 152 Proben mit 600 Schlitzmetern zur Verfügung.

Die charakteristische zweigipfelige asymmetrische Kurve entspricht gut den zwei jeweils andersartig mineralisierten reicheren und armen Sandtypen, die einander durchsetzen. Beide Typen weisen eine deutlich positive Krümmung auf.

5. Gesamtergebnisse

Untersucht man den Charakter der erhaltenen Kurven, so kann man ihre anhaltende Tendenz zur Asymmetrie feststellen. In den meisten Fällen ergab sich eine positive und nur in einem Falle (Eisenerze im Lias) eine negative Krümmung. In gewissem Maße ist das mit der Intensität der Mineralisation verknüpft. Der untersuchte Parameter (der prozentuale Gehalt) kann natürlich zwischen zwei Extremen schwanken. Eines von ihnen ist immer der Nullwert, das zweite ist der theoretische Gehalt der untersuchten Komponente in reinem Mineral. Bei den Zinklagerstätten würde das obere Extrem bei Zinkblende (ZnS) — 67% Zn, bei Pyrit (FeS) — 53,3% S, bei Siderit ($FeCO_3$)-Liaserze — 48,3% Fe, bei Limonitsanden ($2\,Fe_2O_3 \cdot 3\,H_2O$) — 59,8% Fe betragen. Zieht man zwei Extreme in Erwägung, so kann man die Lagerstätte statistisch in arme, deren Mittelgehalte an nutzbarer Komponente unter der Hälfte des theoretischen Gehalts, und in reiche, deren Gehalte über der Hälfte des theoretischen Gehalts liegen, einteilen.

Von den untersuchten Lagerstätten entsprechen nur die Eisenerzlager des Lias den auf diese Weise definierten Bedingungen reicher Lagerstätten. Die anderen gehören im statistischen Sinne zur Gruppe der armen Lagerstätten.

Es ist offensichtlich, daß der Parameter für den Gehalt an nutzbarer Komponente die Möglichkeit hat, sich in einem größeren Lagerstättenbereich oberhalb der mittleren Werte und in einem kleineren unter diesem Wert zu verändern. In reichen Lagerstätten verhält es sich umgekehrt. Neben anderen Faktoren beeinflußt gerade dies den asymmetrischen Charakter der Verteilungskurven.

Symmetrische Kurven sind gewöhnlich dann zu erwarten, wenn sich die Mittelwerte in der Nähe der Hälfte des theoretischen Gehalts an nutzbarer Komponente befinden.

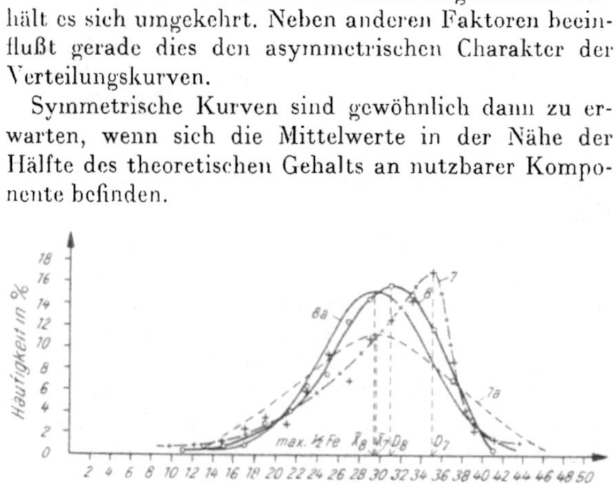

Abb. 3. Eisenerze des Lias in den Góry Świętokrzyskie

Horizont II: Kurve 7 — ausgeglichene Verteilungskurve, Kurve 7a — die dazugehörige normale Verteilung. Horizont III: Kurve 8 — ausgeglichene Verteilungskurve, Kurve 8a — die dazugehörige normale Verteilung

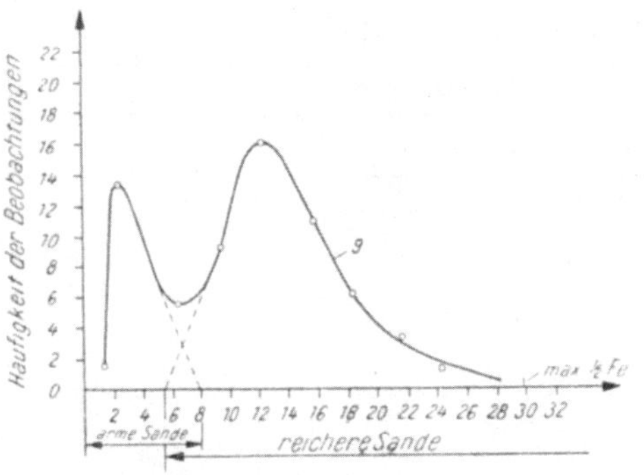

Abb. 4. Eisenhaltige Sande in den Góry Świętokrzyskie

Kurve 9 — beobachtete Verteilung

Unter den untersuchten Lagerstätten kann der III. Horizont der Lias-Eisenerze in den Góry Świętokrzyskie als ein Beispiel hierfür angeführt werden.

Die Erzlagerstätten, besonders diejenigen der Buntmetalle, gehören im statistischen Sinne am häufigsten zu den armen Lagerstätten. Der metallische Inhalt ihrer Mineralien ist nämlich in der Regel nicht sehr hoch. Daher werden Partien mit sogar sehr geringem Erzgehalt abgebaut. Demnach könnten für solche Lagerstätten vielmehr solche Verteilungskurven typisch sein, die eine positive Krümmung haben.

Bei den Eisen-, Mangan- und Aluminiumerzlagerstätten, die vorwiegend wegen der Gehalte an Hauptkomponenten abgebaut werden (die mehr als die Hälfte des theoretischen Gehalts betragen), könnte man eher eine negative Krümmung erwarten.

Die Kurvenkrümmung wird sich in derselben Lagerstätte nach Werten und Vorzeichen dann verändern, wenn ihre verschiedenen Komponenten untersucht werden. So könnte in Magnetitlagerstätten mit Apatit eine negative Krümmung für den Eisengehalt und eine positive für den Phosphorgehalt auftreten.

Besondere Aufmerksamkeit sollte dem einflügeligen (hyperbolischen) Typ der Verteilungskurve gewidmet werden, der bei der Zinkerzgrube B (Abb. 1, Kurve 2) sowie bei beiden Pyritlagerstätten (Abb. 2) erreicht wurde und ein eigenartig extremes Bild unter den positiv gekrümmten asymmetrischen Kurven darstellt. Zwecks Klärung dieses Bildes ist es angebracht, erst den Charakter der Lagerstättenumgrenzung zu besprechen. Geologisch unterscheidet man Lagerstätten mit deutlich definierten und verwischten Konturen.

Bei den ersten bezieht sich der Mineralisierungsvorgang auf ein bestimmtes geologisches Element und reißt an seiner makroskopisch gut sichtbaren Grenze ab (z. B. Erzgang, Kohlenflöz). Bei Lagerstätten des zweiten Typs kann man die Mineralisierungsgrenze makroskopisch nicht feststellen, weil sich die Mineralisierung allmählich verliert. Bei der Umgrenzung dieses Lagerstättentyps werden die geringhaltigen Partien an nutzbarer Komponente bewußt ausgehalten, wobei man nachahmt, was die Natur bei Lagerstätten mit definierter Umgrenzung durch Einschränkung des Umfangs des Mineralisierungsvorgangs von selbst bewirkte.

Es ist offensichtlich, daß in der Umgebung von Lagerstätten mit unbeschränktem Mineralisierungsbereich die das Gesamtbild der Analysen darstellende Verteilungskurve ihr Häufigkeitsmaximum um so näher an den Anfang der Verteilung verschieben wird, je umfassender auch die industriell bedeutungslosen Partien untersucht worden sind. Falls die vererzten Bereiche nicht klein genug sind, kann man die in den Zonen der einsetzenden Vererzung befindlichen maximalen Häufigkeiten nicht auffangen, und die Verteilungskurve erhält einen hyperbolischen Charakter. Gerade die einflügeligen Kurven 5 und 6, welche die Gesamtheit der Analysen aus den Lagerstätten Wieściszowice und Staszic umfassen, können dafür als Beispiel angeführt werden. Dagegen gibt es, wenn man nur die Mineralisation in den industriell wertvollen Partien berücksichtigt, zweiflügelige Kurventypen, z. B. bei der Lagerstätte Wieściszowice (Kurve 4).

Querschnittverringerung von Bemusterungsschlitzen[1]

W. F. BOTSCHKAREW & E. L. KOBLENZ, UdSSR

Die Lagerstätte Sadon besteht aus Gängen und Zonen mit einer Trümer- und Imprägnationsvererzung, die sich an Graniten, Basalkonglomeraten, seltener an Keratophyren häufen. Die durchschnittliche Mächtigkeit der Gänge beträgt 1—1,4 m. Haupterzminerale sind Bleiglanz, Zinkblende, Pyrit, Magnetkies; zweitrangige Minerale sind Kupferkies, Arsenkies; Gangmaterial ist Quarz, Calcit, seltener Chlorit und manganhaltiger Siderit.

Die Probenahme in den Erzgängen erfolgte seit mehreren Jahrzehnten nach dem Schlitzverfahren. Die Ausmaße eines Schlitzes betrugen 10×2 cm; der Abstand zwischen den Proben lag während der geologischen Erkundung sowie der Aus- und Vorrichtung bei 2 m, in Abbauen bei 3—4 m. Das Gesamtgewicht einer 1 m langen Probe betrug durchschnittlich etwa 6 kg.

Entnahme und Bearbeitung dieser umfangreichen Proben erfordern jedoch einen erheblichen Aufwand an Arbeitskraft und Zeit. Die Geologen stellten sich daher die Aufgabe, bei der Probenahme den Querschnitt der Schlitze zu verringern, und führten entsprechende Untersuchungen durch. K. L. POSHARIZKI (1931) verglich z. B. in reichen und armen Erzen Schlitze mit rechteckigem Querschnitt von 10×2,5 cm und Schlitze mit dreieckigem Querschnitt mit einer Basis von 2—2,5 cm und einer Höhe von 1,5 cm.

Die Schlitze mit kleinerem Querschnitt wurden an der 10 cm breiten Fläche der Schlitze mit normalem Querschnitt angebracht. Ein Vergleich der aus Schlitzen mit verschiedenem Durchmesser entnommenen Proben ergab eine gute Übereinstimmung. K. A. POSHARIZKI warnt

[1]) Aus: „Raswedka i ochrana nedr", H. 10, 1960, S. 46—48. — Übers.: H.-J. TESCHKE

Tab. 1. Durchschnittliche Unterschiede der Metallgehalte

Komponenten	Verteilung der Abweichungen im Gehalt pro Anzahl Proben												
	höher		niedriger		Übereinstimmung in bezug auf den relativen Prozentgehalt								
	Anzahl	%	Anzahl	%	Anzahl	%	0–5	5–10	10–15	15–20	20–30	30–40	> 40
Blei	35	47,5	– 32	43,3	7	9,2	17	9	13	10	11	7	7
Zink	37	50,0	– 34	46,0	3	4,1	20	10	9	7	8	5	15

Tab. 2. Statistische Daten

Bezeichnung der statistischen Charakteristika	Bleiprobe		Zinkprobe	
	Querschnitt der Schlitze in cm			
	10 × 2	5 × 2	10 × 2	5 × 2
Anzahl der Proben	74	74	74	74
Mittlerer Wert des Gehaltes	3,0	2,98	8,11	8,10
Mittlere quadratische Abweichung	3,67	3,44	10,47	10,54
Mittlerer quadratischer Fehler	0,18	0,16	1,48	1,50
Korrelationskoeffizient des Gehaltes einer bestimmten Komponente	0,99		0,99	
Mittlerer Fehler des Korrelationskoeffizienten	0,0002		0,005	
Wahrscheinlichkeitskoeffizient des systematischen Fehlers	0,50		0,30	

jedoch davor, auf Grund dieses Versuches allgemein zur Anwendung von Schlitzen mit kleinem Querschnitt überzugehen; vielmehr sind noch zusätzliche Untersuchungen erforderlich.

Die Autoren haben in den Jahren 1956 und 1957 in verschiedenen Erztypen, sowohl aus der Firste als auch aus der Sohle von Abbauen, insgesamt 74 Proben aus Schlitzen mit einem Durchschnitt von 10×2 cm und 5×2 cm entnommen. Die Schlitze mit einem Querschnitt von 5×2 cm lagen an der 10 cm breiten Fläche der Schlitze mit einem Querschnitt von 10×2 cm. Die Schlitzlänge variierte je nach der Mächtigkeit der erzführenden Gänge zwischen 0,3 und 1,8 m. Das Gewicht der in Schlitzen von 5×2 cm entnommenen Proben betrug durchschnittlich 3 kg, d.h., sie waren um die Hälfte leichter als die aus einem Schlitz von 10×2 cm entnommenen. Die Proben wurden bearbeitet und nach der Formel von TSCHETSCHOT $Q = Kd^2$ $(K = 0{,}2)$ reduziert.

Bei der durchgeführten chemischen Analyse stimmten nur in sieben Proben die Werte für Blei und in drei die Werte für Zink überein. Unter den in den übrigen Proben festgestellten positiven und negativen Abweichungen im Gehalt der beiden Elemente liegen die relativen Abweichungen im Metallgehalt gewöhnlich unter 15%. In einzelnen Proben mit sehr niedrigem Gehalt erreichen die Abweichungen jedoch recht erhebliche Werte.

Die durchschnittlichen Abweichungen des Blei- und Zinkgehalts in Proben aus Schlitzen mit 10×2 cm und 5×2 cm sind in Tab. 1 zusammengestellt.

Die chemischen Analysenergebnisse der aus breiten und schmalen Schlitzen entnommenen Proben zeigen (vgl. Tab. 1), daß die Anzahl der Abweichungen zur positiven und negativen Seite gleich ist. Damit ist bewiesen, daß kein systematischer Fehler bei der Probenahme in schmalen Schlitzen vorliegt. Die Fehler für Blei betragen 13,5%, d.h., sie sind um 1,5% höher als die bei der chemischen Analyse zulässigen Fehler; der Fehler für Zink liegt unter dem zulässigen Wert. Der Fehler für die Mittelwerte aus 74 Proben beträgt für Blei 0,6%, für Zink ist er praktisch 0.

Diese Daten zeigen bereits, daß es zweckmäßig ist, breite Schlitze durch schmale zu ersetzen. Auch die durchgeführten statistischen Untersuchungen bestätigten die Möglichkeit einer Probenahme aus Schlitzen mit einem Querschnitt von 5×2 cm (Tab. 2).

Aus Tab. 2 ist ersichtlich, daß die mittleren quadratischen Abweichungen einander ähneln, während sich die Korrelationskoeffizienten dem Wert 1 nähern. Das ist ein wichtiger Faktor bei der Gegenüberstellung verschiedener Methoden der Probenahme. Große Bedeutung beim Aufdecken systematischer Fehler kommt dem Wahrscheinlichkeitskoeffizienten zu. Beträgt sein Wert mehr als 2, so ist anzunehmen, daß ein systematischer Fehler vorliegt und dieser Fehler mit zunehmendem Wert des Koeffizienten anwächst (W. I. SMIRNOW 1950). Im vorliegenden Fall beträgt der Wert des Koeffizienten für Blei 0,5 und für Zink 0,3; es liegt also kein systematischer Fehler vor.

Ein Vergleich der Daten der Probenahme aus Schlitzen verschiedener Querschnitte zeigt, daß die Genauigkeit und Zuverlässigkeit der Probenahme im gegebenen Fall praktisch nicht von der Größe der Schlitze oder vom Gewicht der Proben abhängt.

E. P. SAIZEW (1958) stellte bei seinen in einigen Gold- und Buntmetall-Lagerstätten sowie in Lagerstätten seltener Metalle durchgeführten umfangreichen experimentellen Arbeiten fest, daß in vielen Lagerstätten Probenahmen aus schmalen Schlitzen zulässig sind. Die seit 1958 in den Lagerstätten Sadon, Cholsta und Buron angewandte Probenahme aus schmalen Schlitzen mit einem Querschnitt von 5×2 cm weist folgende Vorzüge auf:

1. Die Arbeiten bei der Probenahme sind wesentlich vereinfacht;
2. Entnahme und Transport der Proben in den Grubenbauen sind leichter; die Arbeitsproduktivität der Probenehmer konnte fast um das Doppelte gesteigert werden;
3. die Bearbeitung der Proben wurde vereinfacht, die Arbeitsproduktivität wurde dabei wesentlich erhöht;
4. Erhöhung der Qualität der Probenahme und der Probenbehandlung in Zusammenhang mit der Zeitersparnis bei der Entnahme und Bearbeitung von Proben großen Umfanges.

Literatur

POSHARIZKI, K. L.: Vergleichende Ergebnisse von Probenahmen mit Proben verschiedener Größe. – Isw. GGRU, wyp. III, 1931.

SAIZEW, E. P.: Die Probenahme in anstehenden Lagerstätten und geförderten Erzmassen durch Proben mit geringem Gewicht. – ZIIN, 1958.

SMIRNOW, W. I.: Vorratsberechnung mineralischer Rohstoffe. – ISD. MGU, 1950.

Zur Ausbildung des Mittleren Buntsandsteins in Westthüringen

ROLF LANGBEIN & GERD SEIDEL, Jena

Einleitung

Die Eichsfeldschwelle ist im Mittleren Buntsandstein durch geringmächtige Sedimentation gegenüber ihrem westlichen und östlichen Vorland gekennzeichnet. Unter Anwendung der von H. BOIGK (1956) aufgestellten Feingliederung des Mittleren Buntsandsteins konnte A. HERRMANN (1956) nachweisen, daß es sich dabei um Schichtausfälle im mittleren Teil des Mittleren Buntsandsteins handelt. Als Bestätigung der von A. HERRMANN geäußerten Vermutung fand H. GAERTNER (1959) im Gebiet von Brehme (Ohmgebirge) den Top der Eichsfeldschwelle, auf dem die Volpriehausener Gruppe (Gervilleienschichten) unmittelbar von thüringischem Chirotheriensandstein überlagert wird. Die Fortsetzung der Schichtausfälle an der WNW-Flanke der Schwelle nach Süden erbrachten die Untersuchungen K. KREYSINGs (1957) über den Übergang der südniedersächsischen in die nordhessische Fazies des Mittleren Buntsandsteins. Ziel der von den Verfassern durchgeführten Untersuchungen war, den etwaigen Verlauf der Schwellenachse in Westthüringen festzulegen und Kriterien zur Frage der Parallelisierung der Schichtenfolgen zu beiden Seiten der Schwelle aufzuzeigen.

Die Ergebnisse dieser Untersuchungen wurden anläßlich einer Exkursion in das NW-thüringische Buntsandsteingebiet (Anregung und Leitung Herr Prof. Dr. W. HOPPE) im Herbst 1959 zur Diskussion gestellt und in einem Bericht niedergelegt (R. LANGBEIN & G. SEIDEL 1959). Die durchgeführte Parallelisierung des thüringer Bausandsteins mit der Hardegsener Gruppe und des Chirotheriensandsteins mit der Sollinggruppe wurde damals von Prof. HOPPE angeregt und vertreten. Nachdem nun E. BACKHAUS (1960)[1]) die Diskussion eingeleitet, sich diese Ansicht durch neuere Bohrungen bestätigt hat und von den thüringischen Kollegen allgemein anerkannt wird, legen Verf. ihre Untersuchungsergebnisse zu diesen Fragen vor.

Vergleich der Profile des Mittleren Buntsandsteins

Im folgenden sollen die Profile des Mittleren Buntsandsteins in Nordwestthüringen untereinander und mit den nordhessischen und niedersächsischen Profilen (Waldkappel nach K. KREYSING 1957, Bramwald und Solling nach H. BOIGK 1956 und Bl. Waake nach A. HERRMANN 1956) verglichen werden.

Die unterste Schichtgruppe des Mittleren Buntsandsteins beginnt mit dem Basissandstein, der aus fein- bis grobkörnigen, bindemittelarmen Sandsteinen mit wenigen geringmächtigen Tonsteineinschaltungen besteht. In den Bohrungen in Nordwestthüringen (Lage der Bohrungen und Aufschlüsse s. Abb. 1) besitzt er eine durchschnittliche Mächtigkeit von 20—25 m. Entsprechende Mächtigkeiten geben A. HERRMANN (1956) sowie H. BOIGK (1956) von Südniedersachsen (8—20 m) und K. KREYSING (1957) von Nordhessen (15—20 m) an. Die anschließende Rotweiße Wechselfolge besteht aus einer Wechsellagerung von bunten, meistens feinkörnigen Sandsteinen und Tonsteinen. Während die Rotweiße Wechselfolge in Nordhessen 50—150 m und in Südniedersachsen 60—120 m mächtig ist, weist sie in Nordwestthüringen eine Mächtigkeit von 35—50 m auf. Die darüber folgenden Gervilleienschichten zeigen einen ähnlichen petrographischen Aufbau wie die Rotweiße Wechselfolge, so daß ohne Auftreten von Gervilleien schwer eine Grenzziehung möglich ist. Zum Teil treten bis grobkörnige Sandsteine an der Basis der Gervilleienschichten auf (s. a. A. HERRMANN 1956), die sich aber in anderen Gegenden auch innerhalb der Rotweißen Wechselfolge und der Gervilleienschichten finden. *Avicula murchisoni* (GEIN.) wurde bisher in vielen Aufschlüssen in Nordwestthüringen gefunden und trat fast ausnahmslos in den Gervilleienschichten auf. Die Gervilleienschichten zeigen in Nordhessen (30—50 m), in Südniedersachsen (30—40 m) und in Nordwestthüringen (25—35 m) etwa gleiche Mächtigkeiten. Über den Gervilleienschichten folgt im Normalfall in Nordhessen, Südniedersachsen und Nordwestthüringen die Detfurther Schichtgruppe. Im Bereich eines NNE—SSW verlaufenden Streifens konnte bei Brehme (H. GAERTNER 1959 und R. LANGBEIN & G. SEIDEL 1960), Ferna (Bl. Worbis), Beuren und Treffurt unmittelbar über den Gervilleienschichten der thüringische Chirotheriensandstein nachgewiesen werden. Bei Treffurt leitet eine etwa 5 m mächtige Wechsellagerung chirotheriensandsteinähnlicher Sandsteinbänke und roter sowie grauer Tone von den Gervilleienschichten zum Chirotheriensandstein über. Da diese Schichtenfolge dem Chirotherien-

Abb. 1. Lageplan der Aufschlüsse und Bohrungen im Mittleren Buntsandstein

[1]) A. HERRMANN (Vortrag zur Tagung der Geologischen Gesellschaft der DDR in Leipzig, April 1961) kam auf Grund detaillierter Untersuchungen in Niedersachsen zum gleichen Ergebnis.

sandstein am ehesten gleicht, wurde sie im gezeichneten Profil zum Chirotheriensandstein gestellt[2]).

Es ergibt sich also eine etwa gleichbleibende Mächtigkeit des Basissandsteins und der Gervilleienschichten, während die Rotweiße Wechselfolge nordwestlich von Thüringen stärker anschwillt.

Die zweite Schichtgruppe wird durch einen groben Sandstein eingeleitet, der häufig bindemittelarm ist und Körner bis 2 mm ∅ enthält. Bei Sondershausen (W. HOPPE 1957) ist diese „Braune Grobsandsteinfolge" 40 m mächtig, bei Obergebra (Bl. Bleicherode) 10 m und bei Keula nur ca. 6 m, in der Bohrung Langensalza 2 (W. HOPPE 1959) noch 13,5 m. In den Profilen Brehme, Ferna, Beuren und Treffurt fehlt diese Schicht ganz, auf Blatt Waake (A. HERRMANN 1956) ist der Sandstein ca. 5—7 m mächtig, bei Witzenhausen (H. BOIGK 1956) ca. 10 m und bei Sontra ca. 5 m (K. KREYSING 1957). Ähnlich verhält es sich mit den Mächtigkeiten der anschließenden Detfurther Wechselfolge bzw. dem lavendelfarbenen Sandstein. Die Mächtigkeit beträgt bei Sondershausen 10 m, bei Langensalza 19,5 m und bei Keula 20 m; in den Profilen Brehme, Ferna, Beuren, Treffurt ist sie nicht ausgebildet, und auf Blatt Waake fehlt sie fast völlig. Bei Witzenhausen erreicht sie wieder 20 m und bei Waldkappel und Sontra ca. 10 m. Dem Detfurther Ton entsprechende Schichten werden in den thüringischen Profilen nicht beschrieben, auch in den untersuchten Profilen wurde kein entsprechender Horizont ausgeschieden. Die Detfurther Gruppe nimmt also von SE und NW her in Richtung auf einen NNE—SSW verlaufenden Streifen, gekennzeichnet etwa durch die Orte: Bad Lauterberg—Leinefelde—Dingelstedt—Treffurt, an Mächtigkeit ab bis zum vollständigen Auskeilen. Nordwestlich dieses Streifens erreicht sie wesentlich höhere Mächtigkeiten als im Thüringer Becken.

Im Hangenden folgt der thüringische Bausandstein, ein fein- bis mittelkörniger, an der Basis auch grobkörniger, roter, teilweise toniger, dickbankiger Sandstein. Diese Folge ist bei Sondershausen 25—30 m, bei Langensalza 17 m und bei Keula 20 m mächtig. In den Profilen Brehme, Ferna, Beuren und Treffurt ist dieser Horizont nicht ausgebildet und scheint auch in den westlich anschließenden Profilen zu fehlen bzw. nur sehr geringmächtig zu sein [bei Witzenhausen nach K. KREYSING (1957) 10—15 m], erreicht aber dann im Kaufunger und im Bramwald (H. BOIGK 1956) recht erhebliche Mächtigkeiten (100—150 m), hier als Hardegsener Wechselfolge bezeichnet. Diese Parallelisierung ergibt sich aus der weiter unten angeführten Gleichstellung von Chirotherien- und Sollingsandstein. Die Hardegsener Gruppe verhält sich also ähnlich wie die Detfurther Gruppe, lediglich besitzt die Zone, in der die Hardegsener Gruppe vollständig fehlt, eine größere Ausdehnung als die Detfurther Gruppe.

Mit besonders an der Basis grobkörnigen Sandsteinen setzt dann der thüringische Chirotheriensandstein ein. Im Gegensatz zu den zwei liegenden Folgen kommt er im gesamten Untersuchungsgebiet vor. Es ist ein heller, verschiedenkörniger Sandstein (vereinzelt mit kleinen Geröllen), dem häufig grüngraue Tonsteine, Kalkkonkretionen und Karneollagen eingeschaltet sind. Durch Verwitterung von kalkigen Einlagerungen erhält er typische Manganflecke. Da er häufig nur wenig Bindemittel besitzt, wird er viel zur Sandgewinnung gebrochen. Die Mächtigkeiten dieses Sandsteinhorizonts betragen bei Sondershausen 10 m, bei Kleinbrüchter 10 m, in der Bohrung Langensalza 2 (R. SOEFNER 1938) 10 m, in den Profilen Brehme, Ferna, Beuren, Treffurt bis ca. 25 m. Weiter nach Westen beschränken sich die typische helle Färbung und die Manganfleckigkeit auf die unteren und obersten Partien der an Mächtigkeit stark zunehmenden Sandsteinfolge; der Übergang findet zwischen Beuren und Heiligenstadt statt. Auf den geologischen Karten wird die obere helle Partie noch als Chirotheriensandstein ausgeschieden, obwohl sich auch darin schon rote Färbungen bemerkbar machen. Die mittlere Partie ist rot gefärbt, fein- bis mittelkörnig und verhältnismäßig fest. Die Mächtigkeiten lassen sich nicht genau angeben, sie betragen bei Heiligenstadt über 30 m und bei Arenshausen etwa 50 m.

[2]) Ob sich in dieser Schichtenfolge noch die geringmächtige Detfurther Gruppe verbirgt, kann auf Grund der Aufschlußverhältnisse nicht entschieden werden.

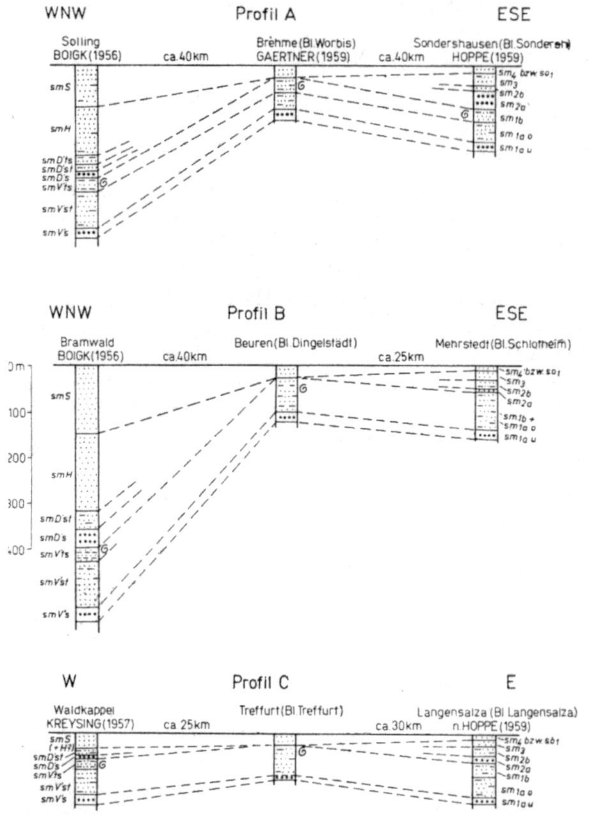

Abb. 2. Schematische Querprofile über die Eichsfeldschwelle im Mittleren Buntsandstein (Symbole nach BOIGK 1956 und HOPPE 1959)

Die Parallelisierung des thüringischen Chirotheriensandsteins mit dem niedersächsischen Bausandstein wurde schon mehrfach direkt oder indirekt ausgesprochen. So beschreibt z. B. O. ZEISE (1904) den obersten Teil des Mittleren Buntsandsteins in den Erläuterungen zu Blatt Heiligenstadt als „Bausandsteinzone, ... auch Chirotheriumsandstein ... oder Carneolsandstein genannt". Auf Blatt Dingelstädt kartierte E. NAUMANN (1904) an der Oberkante des Mittleren Buntsandsteins den 12—20 m mächtigen Chirotheriensandstein aus, während C. DIETZ (1923—1925) auf dem nördlich anschließenden Blatt an der gleichen Stelle im Profil „Bausandstein" kartierte. Den gleichen Bausandstein bezeichnet H. GAERTNER (1959) als „Chirotheriensandstein in der für Thüringen typischen Ausbildung".

Zeitschrift für angewandte Geologie (1961) Heft 11

Nach NW hin nehmen die Mächtigkeiten im allgemeinen zu, bei Waldkappel auf 35 m, Blatt Waake auf 50 m und bei Witzenhausen auf 120 m und erreichen dann im Bramwald (H. Boigk 1956) 150 m.

Die Sollinggruppe verhält sich, ähnlich wie die Volpriehausener Gruppe, abweichend von den beiden anderen Gruppen. Die geringen Mächtigkeiten aus Ostthüringen nehmen zu dem oben angegebenen Streifen hin bis auf 25 m langsam zu und schwellen dann weiter nach NW hin unvermittelt stark an.

Für Nordwestthüringen ergibt sich insgesamt folgendes Profil des Mittleren Buntsandsteins:

sm S	7—50 m	Chirotheriensandstein bzw. niedersächsischer Bausandstein
sm H	0—30 m	Thüringischer Bausandstein
sm D	0—20 m	Lavendelfarbener Sandstein
	0—40 m	Brauner Grobsandstein
sm V	25—35 m	Gervilleienschichten
	35—50 m	Rotweiße Wechselfolge
	20—25 m	Basissandstein

Die Schichtausfälle im Mittleren Buntsandstein werden von A. Herrmann (1956) und H. Gaertner (1959) auf die Wirkung der postvaristischen Eichsfeldschwelle (G. Richter 1941, R. v. Zwerger 1934) bzw. von K. Kreysing (1957) auf die Hunsrück—Oberharz-Schwelle (vgl. auch H. Bosse 1931) zurückgeführt. Der Top dieser alten Schwellenzone verläuft dann im Mittleren Buntsandstein über den oben angegebenen Streifen in Nordwestthüringen. In Abb. 2 sind einige Profile über die Eichsfeldschwelle dargestellt.

Dieser Schwellenbereich macht sich in den verschiedenen Schichten des Mittleren Buntsandsteins unterschiedlich bemerkbar. In der Volpriehausener Gruppe tritt er nur in der Rotweißen Wechselfolge als Stufe zwischen der mächtigeren Ausbildung im Westen und der geringmächtigen Ausbildung im Osten auf. Die Eichsfeldschwelle ist in der Detfurther und Hardegsener Gruppe als ungleichmäßige Schwelle zu erkennen, indem die beiden im Westen sehr mächtigen Schichtgruppen im Bereich der Eichsfeldschwelle aussetzen und im Osten nur mit reduzierten Mächtigkeiten wieder einsetzen. Die Schwellenregion ist in der Hardegsener Gruppe breiter als in der Detfurther Gruppe. In der Sollinggruppe tritt die Eichsfeldschwelle wieder als Stufe in Erscheinung, indem die in Nordwestthüringen langsam von Osten nach Westen anschwellenden Mächtigkeiten auf der WNW-Seite der Schwelle sprungartig zunehmen.

Zusammenfassung

Es wurde die Ausbildung des Mittleren Buntsandsteins in Nordwestthüringen beschrieben. Auf Grund der aufgenommenen Profile konnte der Top der Eichsfeldschwelle weiter verfolgt werden, der etwa von Bad Lauterberg über Leinefelde—Dingelstädt—Treffurt verläuft. Die Schwelle macht sich im Basissandstein und den Gervilleienschichten nicht bemerkbar, tritt in der Rotweißen Wechselfolge und im Sollingsandstein als Stufe in Erscheinung und weist in der Detfurther sowie Hardegsener Gruppe Schichtausfälle auf.

Резюме

Описывается развитие среднего пестрого песчаника в Северо-западной Тюрингии. На основе обработанных резервов удалось проследить свод Эйхфельдского порога, проходящий примерно от курорта Лаутерберг через Лейнефельде-Треффурт. Порог незаметен в базальном песчанике и в гервиллейевых слоях, но проявляется в виде ступени в „красно-белом чередовании" и в „Золлинг-песчанике"; в Детфуртской и Гарделегенской группах наблюдается отсутствие слоев.

Summary

A description is given of the Middle Red Triassic Sandstone in Northwest Thuringia. On the basis of the sections taken the top of the Eichsfeld swell could be pursued from Bad Lauterberg to Treffurt via Leinefelde—Dingelstädt. The swell does not make itself felt in the basal sandstone and Gervilleian beds, but appears in the red-white alternation of beds and in the Solling sandstone as a stage, and shows losses of beds in the Detfurth as well as Hardegsen groups.

Literatur

Backhaus, E.: Zur Neugliederung des Odenwälder Buntsandsteins und ein Vergleich mit Nordhessen und Thüringen. — N. Jb. Geol. Pal. f. 1960, S. 292—313, Stuttgart 1960.

Boigk, H.: Vorläufige Mitteilung über eine neue Gliederung des Mittleren Buntsandsteins im Raume Südhannover. — Geol. Jb., **72**, S. 325—340, Hannover 1956.

Bosse, H.: Tektonische Untersuchungen an niederhessischen Grabenzonen südlich des Unterwerrasattels. — Abh. preuß. geol. Landesanst., N. F., 128, Berlin 1931.

Dietz, C.: Tektonik und Salz im unteren Eichsfeld. — Abh. preuß. geol. Landesanst., N. F., H. 95, S. 83—109, Berlin 1923—1925.

Gaertner, H.: Zechstein bei Niedersachswerfen. Stratigraphie und Tektonik an der Ohmgebirgsgrabenzone zwischen Weißenborn und Kaltohmfeld. — Exkursionsführer: Jahrestagung der geol. Ges. DDR in Weimar, April 1959, S. 57—62.

Herrmann, A.: Schichtausfälle im Mittleren Buntsandstein des NW-lichen Eichsfeldes und deren mögliche Deutung. — Geol. Jb., **72**, S. 341—345, Hannover 1956.

Hoppe, W.: Gliederung des Mittleren Buntsandsteins im Gebiet von Sondershausen in Thüringen. — Ber. geol. Ges. DDR, **2**, H. 3, S. 183—198, Berlin 1957.

— Zyklische Gliederung des Unteren und Mittleren Buntsandsteins in Thüringen. — Ber. geol. Ges. DDR., **4**, H. 1, S. 3—58, Berlin 1959.

Kreysing, K.: Zur Stratigraphie des Mittleren Buntsandsteins in Südhannover und Nordhessen. — N. Jb. Geol. u. Pal. f. 1957, S. 72—83, Stuttgart 1957.

Langbein, R. & G. Seidel: Zur Ausbildung des Unteren und Mittleren Buntsandsteins in NW-Thüringen. — Akten des Geol. Dienstes Jena, 1959.

— Zur Geologie im Gebiet des Holunger Grabens. — Geologie, **9**, S. 36—57 (1960).

Naumann, E.: Erläuterungen zu Blatt Dingelstädt. — Lief. 112, Berlin 1904.

Richter, G.: Paläogeographische und tektonische Stellung des Richelsdorfer Gebirges im hessischen Raume. — Jb. Reichsst. Bodenforsch., **61** (1940), Berlin 1941.

Soefner, R.: Zur Entstehung des thüringischen Buntsandsteins. — Chemie der Erde, **11** (1938).

Zeise, O.: Erläuterungen zu Blatt Heiligenstedt. — Lief. 112, Berlin 1904.

Zwerger, R. v.: Tektonik, Anomalien des Erdmagnetismus und Erdölhöffigkeit in Mitteldeutschland. — Z. Kali, **28**, Halle 1934.

Bericht über die Basisbohrung Żebrak IG I[1)]

Kazimiera Lendzion, Warszawa

Die Bohrung Żebrak ist die zweite Basisbohrung mit der der geologische Bau des „Beckens von Białystok" untersucht werden soll. Diese Aufgabe gehört seit dem Jahre 1955 mit zu den planmäßigen Arbeiten der Abteilung Flachlandgeologie des Geologischen Instituts. Bei der Ausarbeitung der geologischen Grundlagen für das Bohrprojekt hat Verfasserin hauptsächlich die Ergebnisse der Basisbohrung „Ostrów Mazowiecka" und die Ergebnisse der bisher durchgeführten und von A. Dąbrowski interpretierten geophysikalischen Untersuchungen verwendet.

Die Bohrung Żebrak wurde in der Gegend von Siedlce mit der Rotary-Anlage „Trauzl" niedergebracht. Im Jahre 1958 wurde mit den Bohrarbeiten begonnen. Die

[1)] Aus: „Przeglad Geologiczny", Nr. 6, 1959 (etwas gekürzt).

durchteuften Quartär-, Tertiär- und Kreidebildungen wurden bis 650 m zu 20% gekernt. Dagegen fand von 650 m bis zur Teufe von 2454 m (Bohrlochteufe am 21. März 1959) eine 100%ige Kernentnahme in den durchbohrten Schichten statt, wobei in den festen Gesteinen mindestens 70% Kerngewinn gefordert wurden. Dieses Minimum konnte jedoch erheblich überschritten werden. Bis zu 2414 m Teufe wurde das Bohrloch geophysikalisch vermessen, und zwar wurden seitliche elektrische Bohrlochsondierungen, Messungen mit dem Kaverno- und Inklinometer, Gamma- und Neutronprofilierungen durchgeführt.

Das Hauptziel der Bohrung ist:

1. die Bestimmung der Hangendteufe des Kristallins und seines Charakters,
2. die Bestimmung der Mächtigkeit und des lithologisch-stratigraphischen Charakters des Mesozoikums und des Paläozoikums.

Schematisches lithologisch-stratigraphisches Profil der durchteuften Schichten:

0,00 m — ca. 40,00 m Quartär: präglaziale Schluffe, Beckenschluffe, Geschiebelehme, Sande und Kiese.

ca. 40,00 — 176,00 m Tertiär: pliozäne bunte Tone; wahrscheinlich miozäne, bräunliche, sandige Schluffe; oligozäne graue Glaukonitsande.

176,00 m — 620,00 m Obere Kreide: Sie ist als mergeliger und Inoceramen-Kalkstein, als Schreibkreide und Mergel entwickelt. Es tritt hier ein vollständiges stratigraphisches Profil vom Dan bis zum Turon einschließlich auf. Für das Vorhandensein des Cenomans fehlen paläontologische Belege; ebenso fehlen die sandigen Bildungen des unteren Cenomans und des Albs, die im benachbarten Gebiet vorkommen.

620,00 m — 871,00 m Oberer Jura: ausgebildet in Form von Schwammkalksteinen, ziemlich stark verkieselten Riffkalksteinen, pseudo-oolithischen, oolithischen und mergeligen Kalksteinen. Nach der vorläufigen stratigraphischen Interpretation ist der Obere Jura durch Astartien, Rauracien und Oxfordien vertreten.

871,00 m — 914,10 m Mittlerer Jura: Er beginnt mit detritischem Kalkstein, unter dem ein Basalkonglomerat mit kalkig-eisenhaltigem Bindemittel liegt.

914,10 m — 976,80 m Keuper, eventuell auch Rät: Es treten grüne und rote, im oberen Teil dolomitische Tonsteine auf.

976,80 m — 1019,50 m Muschelkalk: graue, faunenreiche Kalksteine mit Zwischenschichten von Schiefertonen, unten mit *Lima striata*. Die während des ganzen Muschelkalks andauernde Meerestransgression begann schon im obersten Buntsandstein, im Rät, wo sich Oolithkalksteine abgesetzt haben.

1019,50 m — 1199,30 m Buntsandstein: Er ist durch grüne und kirschrote Schluffsteine und Tonsteine mit Zwischenschichten von Sandstein vertreten. Im Hangenden treten die obenerwähnten oolithischen Kalksteine mit Zwischenschichten von Tonsteinen und Schluffsteinen auf.

1199,30 m — 1295,90 m Perm: Den oberen Teil des Zechsteins bildet eine 4 m mächtige Dolomitschicht mit Anhydriteinschaltungen. Darunter wurde eine etwa 52 m mächtige Schicht grauer Anhydrite erbohrt, auf deren Kluftflächen orangebraune Anflüge auftreten. Es folgt ein hellgelb-grauer Dolomit, in dem sich eine 15 cm mächtige Lage von Mansfelder Schiefern befindet. Das Weißliegende ist ein weißgrauer Sandstein. Das Rotliegende besteht aus grünem und kirschrotem, partienweise konglomeratischem Sandstein.

1295,90 m — 1360,90 m Karbon: Es ist aus wechsellagernden Schluffsteinen, florenreichen Sandsteinen, Dolomiten, oolithischen Schluffsteinen und dolomitischen Mergeln aufgebaut. Im liegenden Teil treten konglomeratische Sandsteine auf. Die über dem Sandstein abgelagerten Sedimente sind Bildungen eines sehr unruhigen und nicht allzu tiefen Meeres.

1360,90 m — 2375,00 m Silur: In der Bohrung beginnt das Silurprofil im mittleren Ludlow, auf das die Zone mit *Pristiograptus transgrediens* hinweist. Das Ludlow ist durch eine einheitliche Fazies von kalkig-dolomitischen Schiefern sowie bituminösen Tonsteinen vertreten. Unter dem Ludlow treten Tonsteine und grobkristalline Kalksteine des Wenlock und Valent auf.

2375,00 m — 2399,30 m Ordovizium: Im oberen Teil treten Kalksteine und Dolomite auf. Unter ihnen befindet sich ein stark glaukonithaltiger Sandstein, im Hangenden mit Phosphoritkonkretionen, und in der Folge ein aus Quarzitsandsteingeröllen zusammengesetztes Basalkonglomerat. Nach TOMCZYK gehören diese Sedimente dem Tremadoc an.

2399,30 m — 2454,00 m Kambrium: Es ist in Form stark zerklüfteter Quarzitsandsteine mit Bitumenspuren ausgebildet. Auf den unregelmäßigen Kluftflächen ist ein stärkerer Bitumengehalt festzustellen. Nach unten zu nimmt der Bitumengehalt ab.

Das Perm in der Bohrung Żebrak IG I[1]

KATARZYNA PAWŁOWSKA, Warszawa

Für die Stratigraphie und Paläographie des Mesozoikums und des Paläozoikums brachte die Bohrung Żebrak viele äußerst interessante Daten. In diesem vorläufigen Bericht werden einige die Sedimente des Perm betreffende Beobachtungen dargelegt.

Das zusammenfassende Profil des Perms in der Bohrung Żebrak stellt sich wie folgt dar:

Bei 1199,26 m Teufe Grenze mit dem Buntsandstein

1199,26 m — 1200,10 m: Tonsteine, rot, blaßgrün, bunt; mit HCl nicht reagierend; mit Harnischen; bei 1198,95 m — 1199,10 m mit knotenförmigen Durchwachsungen von violettem Kalkmergel bis 4 cm Größe

1200,10 m — 1204,10 m: Dolomite, hellcremefarbig, kalkig, etwas porös, mit Anhydriteinsprengungen und Faunenresten

1204,10 m — 1255,31 m: Anhydrite, im Hangenden mit viel rotem und grauem Ton, nach unten zu aschgrau, dickbankig und mikrokristallin

1255,31 m — 1255,38 m: Kalkstein, schmutziggrau, kristallin, mit einem geringmächtigen Tonzwischenmittel

1255,38 m — 1263,80 m: Riffkalksteine, dolomitisch, hellcremefarbig, porös mit Bryozoen- und Brachiopodenfauna

1263,80 m — 1263,95 m: Schluffsteine, grauschwarz, schieferig; Äquivalent der Mansfelder Schiefer

1263,95 m — 1264,95 m: Quarzsandstein, schmutziggrau (Weißliegendes)

Bei 1264,95 m wahrscheinlich Grenze zwischen dem Zechstein und dem Rotliegenden

1264,95 m — 1270,74 m: Quarzsandsteine, hellweiß, mit Kaolinflocken im Bindemittel

1270,74 m — 1271,70 m: Schluffsteine, Tonsteine und Sandsteine in Wechsellagerung

1271,70 m — 1295,00 m: Quarzsandsteine, rot oder graugrünlich, ungleichkörnig, mit beträchtlichem

[1]) Aus: „Przeglad Geologiczny", Nr. 6, 1959.

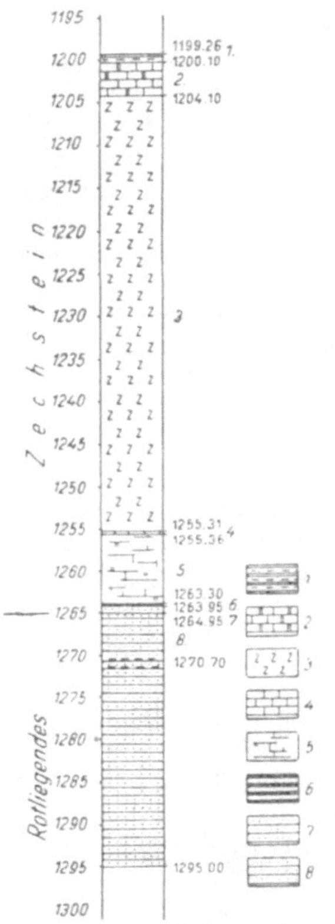

Abb. Zusammenfassendes Profil des Perms in der Bohrung Żebrak, südöstlich von Warszawa

1 – Schiefertone, 2 – dolomitische Kalksteine, 3 – Anhydrite, 4 – kristalline Kalksteine, 5 – dolomitische Riffkalksteine, 6 – kupferführende Schluffsteine, 7 – graue Sandsteine (Weißliegendes), 8 – weiße, rote und grüne Sandsteine des Rotliegenden

Kaolingehalt, partienweise konglomeratisch, z. T. schräg- oder diagonalgeschichtet, lokal mit Rhizoiden
Bei 1295 m Teufe Grenze zum Karbon

Im Hangenden der karbonischen Schiefer und Kalksteine, die von diesen Sedimenten scharf abgesetzt sind, liegt in Żebrak ein Quarzsandsteinkomplex von 30,05 m Mächtigkeit. Im unteren Teil dieses Komplexes kommen grau-grünliche, stellenweise schräg- oder diagonalgeschichtete feinkörnige Quarzsandsteine vor; auf den Schichtfugen treten Muskovitanreicherungen auf, die lokal zu einer Spaltbarkeit in dicke unregelmäßige Tafeln führen. Oberhalb 1285,10 m Teufe gehen die grau-grünlichen Sandsteine in rote dickbankige, manchmal grau-grün-gefleckte, verschiedenkörnige, konglomeratische Sandsteine mit Beimengungen von milchweißen und roten großen Quarzen mit sehr spärlichem Bindemittel sowie Sedimentgesteinstrümmern über.

Im Abschnitt von 1271,70 m bis 1270,74 m treten Schluffsteine, Sandsteine und Tonsteine in Wechsellagerung auf. Weiter oben, bei 1270,74 m bis 1264,95 m Teufe, treten hellweiße, fein- und ungleichkörnige Quarzsandsteine auf; sie enthalten größere Quarze und weiße Kaolinflocken, sind sehr mürbe und zerfallen zu lockerem Sand.

Der ganze Sandsteinkomplex wird charakterisiert durch seine grelle Färbung, das spärliche Bindemittel, im allgemeinen reichliches Auftreten von Kaolin, wechselnde, aber immer positive Reaktion mit HCl sowie die starke Verwitterung und Lockerung des Gesteins. Stellenweise treten von einer Verwitterungsrinde umhüllte härtere Reststücke auf. Außerdem wurden in den roten Sandsteinen bei 1276,35 m Teufe Spuren von Rhizoiden festgestellt, die in ihrer ursprünglichen vertikalen Lage erhalten geblieben sind. Auf Grund des ausgesprochen kontinentalen Charakters dieser Sedimente sowie ihrer bestimmten Lage über dem Karbon und im Liegenden des Zechsteins darf man diese Sedimente in das Untere Perm, d. h. ins Rotliegende, einordnen.

Im Liegenden des Zechsteins kommt in der Bohrung Żebrak ein maximal etwa 1 m mächtiger, grauer Feinsandstein mit tonigem Bindemittel vor; die Trennung der sich ähnelnden Bildungen des Weiß- und Rotliegenden, insbesondere der fast gänzlich zu Sand zerfallenen Sandsteine, ist schwierig. Zur arbeitsmäßigen Festlegung der Grenze diente das Verhältnis von Bindemittel zu Quarzkörnern sowie das Vorhandensein oder Fehlen von Kaolin als Kriterium.

Die schmutziggrauen, mürben, kaolinfreien Sandsteine gehen unmittelbar in die 15 cm mächtigen, grauschwarzen, kupferführenden Schluffsteine über, in denen Metallsulfidspuren festgestellt wurden. Sie entsprechen also dem stratigraphisch gut bestimmten Leithorizont der Mansfelder Schiefer im Unteren Zechstein. Über den Schiefern treten feinporöse, zellige dolomitische Riffkalksteine auf, sie enthalten eine Bryozoen- und Brachiopodenfauna; die Mächtigkeit beträgt 8,43 m. Sie entsprechen ohne Zweifel der Riffazies des Zechsteins. Bryozoenriffe des Zechsteins sind in England und in Deutschland bekannt, wo sie z. B. in Thüringen in der Randzone des damaligen Meeres klassisch entwickelt sind. Die in der Bohrung Żebrak durchteuften dolomitischen Riffkalksteine weisen große Ähnlichkeit, sowohl in lithologischer als auch in faunistischer Hinsicht, mit den Riffsedimenten Thüringens (Ranis, Krölpa—Pößneck) auf, wie Verfasserin auf Grund eigener Beobachtungen an den Zechsteinriffen in Thüringen und beim Vergleich mit den dort gesammelten Stücken dieser Gesteine feststellen konnte.

Im Hangenden der dolomitischen Riffkalke befindet sich eine dünne, 7 cm mächtige Schicht von dunkelgrauem feinkristallinem Kalkstein, der die Basis der mächtigen Serie von chemischen Sedimenten, den Anhydriten, bildet.

Die Mächtigkeit der Anhydrite, vorwiegend bläulichgraue, seltener rötlich-graue mikrokristalline Anhydrite, beträgt in der Bohrung Żebrak 50,31 m. In den hangenden Partien der Anhydritserie ist eine starke Anreicherung des Anhydrits an rotem und grauem Ton zu verzeichnen und eine Abart, der Perlanhydrit, anzutreffen. Östlich geht der Anhydrit auf geringeren Strecken in gefalteten Gips über, der infolge der bei der Hydratisierung der Anhydrite vor sich gehenden Volumenänderung eine Gekrösestruktur erhalten hat.

Im Hangenden der Anhydrite sind 4 m mächtige hellcremefarbige, feinporöse dolomitische Kalksteine mit Anhydriteinsprengungen und Faunenresten vorhanden. Über dem Dolomit treten blaßgrüne, rote, bunte (mit HCl nicht reagierende) stark geharnischte Schiefertone auf, die im Abschnitt von 1198,95 m bis 1199,10 m Teufe bis 4 cm große knollige Durchwachsungen von violett-rotem, kalkigem Mergel enthalten. Die Grenze zu den sandigen Ablagerungen des Buntsandsteins verläuft in 1199,26 m Teufe.

Ergebnisse

Zu den wichtigsten Ergebnissen der Bohrung Żebrak im Bereiche des Perms gehört die Feststellung von Unterem Perm, d. h. von Rotliegendem, mit 30,05 m Mächtigkeit. Das in der Bohrung Żebrak auftretende Rotliegende bezeichnet im jetzigen Augenblick eine vorgeschobene Stellung in seiner bisher unbekannten maximalen östlichen Erstreckung. Nach Westen hin ist es zweifellos mit dem in der Bohrung Magnuszew ebenfalls von der Verfasserin festgestellten Rotliegenden verbunden. Auf diese Weise zeichnet sich eine durch die Bohrungen bestimmte östliche Provinz der Rotliegendverbreitung und damit weiterhin eine eigentümliche

Entwicklung des Zechsteins, ähnlich wie in den Sudeten und in Thüringen, ab. In diesem Gebiet fehlt im Unteren Zechstein das Basalkonglomerat; dafür tritt Weißliegendes auf, und es ist der Horizont der Mansfelder Schiefer entwickelt.

Die in Polen in gleicher stratigraphischer Stellung und in sehr ähnlicher lithologischer und faunistischer Ausbildung wie in Thüringen festgestellte Riffazies weist auf das mögliche Bestehen sehr ähnlicher ausgeglichener Verhältnisse im ganzen Gebiet der Randzone des Zechstein-Binnenmeeres von England über Thüringen bis zum östlichen Rand des Beckens in Polen hin.

Durch das Auftreten der Riffazies in der Bohrung Żebrak wird nochmals der Randcharakter des Zechsteins in diesem Gebiet sowie seine weitgehende Ähnlichkeit und Verbindung über die Sudeten mit Westeuropa besonders hervorgehoben. Es ist jedoch unmöglich, den in der Bohrung Żebrak erbohrten einen Anhydritkomplex in einen bestimmten Zyklus einzuordnen, da in der Randzone im Hinblick auf die festgestellte Riffazies schwer erkennbare Lücken und Unterbrechungen vorhanden sein können. Abgesehen von der für die Bohrung Żebrak charakteristischen Riffazies bestehen zwischen dem Profil des Perm in Żebrak und Magnuszew viele Analogien.

Zur Bildung der Erdöllagerstätten des Wiener Beckens

GEORG RUDAKOW, Ufa (UdSSR)

Für die Diskussion über die Bildung des Erdöls und die Entstehung seiner Lagerstätten (G. RUDAKOW 1961) ist eine Betrachtung der Herkunft des Erdöls und seiner Migration in den Erdöllagerstätten des Wiener Beckens besonders geeignet. W. B. PORFIRJEW (1960) wies bereits darauf hin, daß es im Wiener Becken möglich ist, die Bildungszeit der Erdöllagerstätten durch rein geologische Methoden zu bestimmen.

Bekanntlich stellt das Wiener Becken ein typisches erdölführendes Innenbecken des alpinen Faltengebietes dar, dessen geologischer Bau oft beschrieben wurde (z. B. M. I. WARENTZOW 1948, H. WIESENEDER 1956 u. a.). Erdölführende Horizonte sind bis ca. 3500 m Tiefe festgestellt worden. Besonders zu betonen ist, daß einige Lagerstätten des Beckens auch im metamorphen Fundament Erdöl führen. Für die Tektonik des Beckens sind mächtige Längsverwerfungen, z. B. der Steinbergbruch (Abb. 1) mit einer Sprunghöhe bis 2000 m, charakteristisch.

Das Erdöl des Wiener Beckens wurde früher als syngenetisch mit dem helvetischen Schlier angesehen (K. FRIEDL 1936), das dann in Ablagerungen des Torton, Sarmat und in die älteren Gesteine, d. h. in den Flysch, migrierte. K. KREJCI-GRAF (1955) vertrat dagegen die Meinung, daß das Erdöl im Flysch primär, im Neogen sekundär auftritt.

Nach N. A. KUDRJAWZEW (1959) sind jedoch beide Behauptungen nicht genügend begründet, vielmehr sind alle Lagerstätten als sekundär zu bezeichnen. Die Möglichkeit einer Migration des Erdöls in einen ähnlichen Flysch (Padhala-Flysch, Polen) nach dem Schema von N. A. KUDRJAWZEW beschrieb P. KARNKOWSKI (1960).

W. B. PORFIRJEW (1960) betonte, daß zu Beginn der Ablagerungen der transgressiven Serie in den Flyschstrukturen kein Erdöl vorhanden war. Das Basalkonglomerat des Burdigal und die Kontaktzone zwischen Flysch und Burdigal enthielten flüssiges Erdöl (Abb. 2). Da eine seitliche Migration ausgeschlossen ist, konnte das Erdöl nur längs der mächtigen Verwerfungen migrieren. Man muß erwähnen, daß nach G. N. DOLENKO (1957) die rhodanische Phase höchstwahrscheinlich die intensivste der alpinen Orogenese war. Spuren der Lagerstätten in den oberen Teilen der transgressiven Speichergesteine können daher als Kriterium der Akkumulation angesehen werden.

Diese Feststellungen weisen auf eine Tiefenerdölentstehung hin. Außerdem muß noch das Vorherrschen der vertikalen Migration berücksichtigt werden (G. N. DOLENKO 1955).

Das Vorherrschen der vertikalen Migration ist klar ersichtlich aus den spezifischen Gewichten der Erdöle von Gaiselberg, RAG, Goesting, Van Sickle, Plattwald, Mühlberg und anderen Feldern. Für Erdöle im Pannon

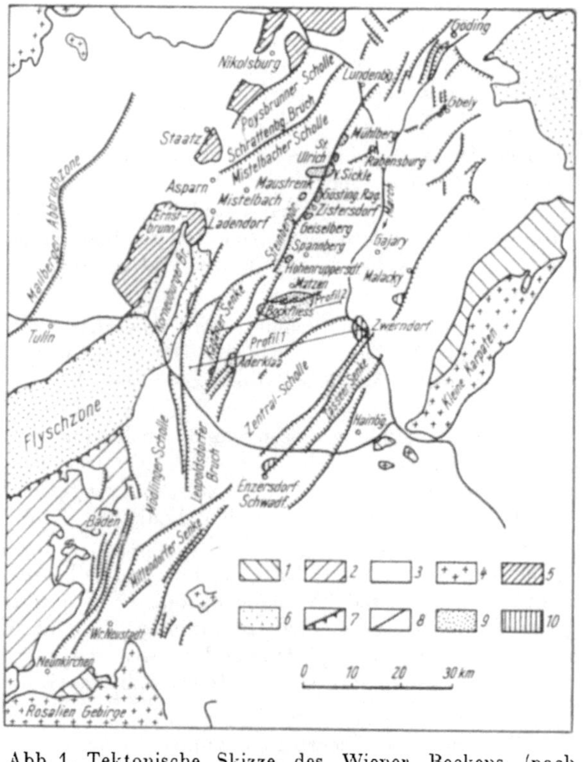

Abb. 1. Tektonische Skizze des Wiener Beckens (nach WIESENEDER)

1 — Zentralalpines und Karpatisches Mesozoikum; 2 — Ostalpines Mesozoikum; 3 — Sedimente des Wiener Beckens und des Vorlandes; 4 — Alpines und Außeralpines Kristallin; 5 — Waschbergzone, Subbeskidischer Flysch; 6 — Ostalpiner Flysch, Beskidischer Flysch; 7 — Überschiebungen; 8 — Brüche; 9 — Ölfelder; 10 — Gasfelder

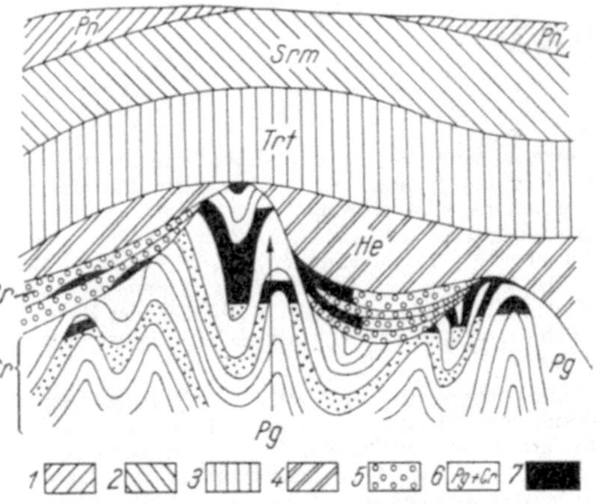

Abb. 2. Profil durch die Lagerstätten Hauskirchen — St. Ulrich (nach WARENTZOW)

1 — Pannon, 2 — Sarmat, 3 — Torton, 4 — Helvet, 5 — Burdigal-Basalkonglomerat, 6 — Flysch (Paläogen und Kreide), 7 — Erdöl

sind hohe spezifische Gewichte von 0,930 (Gaiselberg und Van Sickle) bis 0,947 (RAG und Goesting) charakteristisch. Die Erdöle im Helvet sind am leichtesten, das spezifische Gewicht des Erdöls von Plattwald beträgt z. B. 0,830—0,840. Zwischen diesen Extremwerten liegen die spezifischen Gewichte der Erdöle im Sarmat und im Torton, z. B. Erdöl von Gaiselberg: 0,930, 0,921, 0,894, 0,870, 0,829; Erdöl von Goesting: 0,947, 0,941, 0,885, 0,840. Diese Gesetzmäßigkeiten im spezifischen Gewicht werden durch die bei der Erdölentstehung herrschenden physikalischen Bedingungen bestimmt. Auf Grund der Vorstellungen von einer einheitlichen Quelle und gleichzeitigen Bildung der Erdöllagerstätten im gesamten stratigraphischen Profil ergeben sich für die Differenzierung des Erdöls nach dem spezifischen Gewicht während der vertikalen Migration durch die Verwerfungsspalten zwei verschiedene Prozesse:

1. Beim Durchströmen des Erdöls durch lokale Verengungen der Spalten entstehen turbulente Strömungen, die die innere Diffusion gewährleisten. Der Diffusionsprozeß bewirkt eine Neuverteilung der schweren und leichten Komponenten des Ausgangsöls, so daß der Gehalt an schweren Komponenten in jeder Kluftzone als eine Funktion der Entfernung von dem Zentrum der Kluftöffnungen zu betrachten ist. Diese Neuverteilungen der Konzentrationen durch Konvektions- und Diffusionsprozesse in Röhren sind experimentell nachgeprüft worden (G. TAYLOR 1953).

2. Infolge Reibung erhalten die verschiedenen Schichten des migrierenden Erdöls beim Aufstieg verschiedene Geschwindigkeit, so daß die Fließgeschwindigkeiten auch als eine Funktion der Entfernung der betreffenden Schicht vom Zentrum der Kluftöffnungen anzusehen sind.

Nach J. S. ARONOFSKY & J. P. HELLER (1957) läßt sich die Verteilung der schweren Komponenten im Diffusionsprozeß im porösen Medium während der Diffusion durch folgende Gleichung annähernd bestimmen:

$$D \frac{\partial^2 C}{\partial x^2} - a \frac{\partial C}{\partial x} = m \frac{\partial C}{\partial t} \qquad (1)$$

D — Koeffizient der Diffusion, unabhängig von der Konzentration
a — Volumengeschwindigkeit
m — Porosität
C — Konzentration der schweren Komponenten
t — Zeit
x — lineares Maß

Im besonderen Fall gilt für die Lösung der obenerwähnten linearen Gleichung des Diffusionsprozesses folgende Formel:

$$\frac{\partial C}{\partial x} = - \frac{C_0}{\sqrt{\pi D t}} e^{-\frac{x^2}{4Dt}} \qquad (2)$$

Daher:

$$\left(\frac{\partial C}{\partial x}\right)_{max} = - \frac{C_0}{\sqrt{\pi D t e}} \qquad (3)$$

Diese mathematischen Beziehungen erklären die sogenannte BARTONsche Regel (D. C. BARTON 1937), d. h. die Erhöhung des spezifischen Gewichts der Erdöle in den erwähnten Lagerstätten in Richtung zur Tagesoberfläche.

Theoretisch besteht die Möglichkeit, daß das Maximum des spezifischen Gewichts nicht in dem obersten Horizont, sondern erst im zweiten oder dritten Horizont von oben liegt.

Die Ausführungen zeigen, daß für die Bildung der verschiedenen Lagerstätten im Wiener Becken unterschiedliche Zeiten erforderlich waren. Die Bildung des Matzen-Feldes beanspruchte z. B. eine verhältnismäßig lange Zeit, wie der niedrige Schmelzpunkt (45°C) des Erdölwachses und das niedrige Gas/Öl-Verhältnis (51 Nm^3/m^3) beweisen.

Die Bildung der Erdöllagerstätten im Wiener Becken ist als Bestätigung der Tiefentheorie der Erdölentstehung anzusehen. Besonders überzeugend wirkt ein Vergleich der großen Erdölkonzentration im Profil Paläozoikum—Mesozoikum des Wiener Beckens mit ähnlichen, aber kürzeren Profilen in Kalifornien oder Venezuela.

Literatur

ARONOFSKY, J. S. & J. P. HELLER: Diffusion Model to Explain Mixing of Flowing Miscible Fluids in Porous Media. — J. of Petr. Technology, **9**, Nr. 12, S. 345 (1957).

BARTON, D. C.: Evolution of Gulf Coast Crude Oil. — Bull. Amer. Ass. Petr. Geol., **21**, Nr. 7, S. 914 (1937).

DOLENKO, G. N.: Grundriß der geologischen Entwicklung und Formierungsbedingungen der Erdöllagerstätten des westlichen Teils der Karpaten, Geosynklinale. — Wiss. Schr. Politechn. Inst. Lwow, Ausg. **28**, Nr. 5, 1955 (russ.).

— Erdölführung des Wiener Beckens. — Nowosti Neftjanoi Techniki, geol. Serie, Nr. 3, S. 33, 1957 (russ.).

FRIEDL, K.: Der Steinbergdom bei Zisterndorf und sein Ölfeld. — Z. geol. Ges. Wien, **29**, S. 21 (1936).

KARNKOWSKI, P.: Zur Erdölführung des Podhal-Flysches. — Nafta, Nr. 2, S. 296, 1960.

KREJCI-GRAF, K.: Erdöl — 2. Aufl., Berlin-Göttingen-Heidelberg, 1955.

KUDRJAWZEW, N. A.: Erdöl, Gas und harte Bitumen in eruptiven und metamorphosierten Gesteinen. — WNIGRI, Ausg. 142, Gostoptechisdat, Leningrad 1959 (russ.).

PORFIRJEW, W. B.: Über die Natur des Erdöls. — In: Die Herkunft des Erdöls. Sammelbd., S. 26, Gostoptechisdat, Moskau 1960 (russ.).

RUDAKOW, G.: Zur Diskussion über die Bildung des Erdöls und seiner Lagerstättenentstehung. — Z. angew. Geol., **7**, S. 78 (1961).

— Zur Bildung von Erdöllagerstätten in Riffen. — Z. angew. Geol., **7**, S. 337—340 (1961).

TAYLOR, G.: Dispersion of Soluble Matter in Solvent Flowing Slowly through a Tube. — Proc. Royal Society, Serie A, **219**, Nr. 1137, S. 186 (1953).

WARENTZOW, M. I.: Geologie und Erdölführung des Wiener Beckens. — Sammelausg. d. geol. Werke, gewidm. dem Gedächtnis I. M. GUBKINS, S. 43, Gostoptechisdat, Moskau u. Leningrad 1948 (russ.).

WIESENEDER, H.: Zur Kenntnis der neuen Erdöl- und Erdgasvorkommen im Wiener Becken. — Erdöl u. Kohle, **9**, Nr. 6, S. 357 (1956).

Hundert Jahre „Antiklinaltheorie“

KURT KAUTER, Berlin

Im August 1961 feierte eine Theorie ihr hundertjähriges Jubiläum, die als ,,eine der erfolgreichsten“ (RUSSEL) in der Entwicklung der Erdölwirtschaft der Welt angesprochen werden darf, die Antiklinaltheorie. T. STERRY HUNT bemerkte bei einer Bearbeitung kanadischer Erdölvorkommen: ,,Die natürlichen Ölquellen sind im Ausbiß der Corniferous-Kalksteine oder in den daraufliegenden Hamilton-Schiefertonen und sind längs der Linie einer breiten und niedrigen Antiklinale, welche nahezu O—W durch den Distrikt streicht“ (Canadian Naturalist, August 1861).

Diese Beobachtung hat er verallgemeinert und an mehreren kanadischen Vorkommen auf ihre Richtigkeit überprüft. Das war die Geburtsstunde der Antiklinaltheorie, die etwa besagt, daß das Vorhandensein einer Antiklinale eine notwendige Bedingung für das Vorhandensein einer Erdöllagerstätte ist.

HUNT hatte einen Vorläufer und einen Zeitgenossen, die beide ähnliche Beobachtungen machten: OLDHAM in Burma (1855), der den Zusammenhang des Yenangyoung-Ölfeldes mit einer Antiklinale feststellte, und E. B. ANDREWS, der für Ohio und Virginia (1861) ähnliche Zusammenhänge nachwies.

Die bis dahin gültigen Anschauungen waren mit allen Mängeln einer recht primitiven Empirie behaftet. Jeder in einem bestimmten Gebiet praktizierende oder experimentierende Wissenschaftler versuchte, seine Erfahrungen zu verallgemeinern. Daraus ergaben sich zwei wesentliche Fehlerquellen der Erkundung, die sich zum Teil für die auf kapitalistischer Grundlage spekulierenden Firmen äußerst nachteilig auswirkten.

Zum ersten wurde der stratigraphische Horizont, in welchem an einer bestimmten Stelle eine Ölführung nachgewiesen war, als der einzige und auch als der einzig mögliche bezeichnet. Zum zweiten nahm man die Tiefe einer aufgefundenen Lagerstätte als die optimale für Erdölvorkommen generell an.

In der Folgezeit zeigte es sich, daß die von HUNT aufgestellte Antiklinaltheorie keineswegs offene Türen in Fachkreisen fand. Ganz im Gegenteil wurde sie zunächst völlig ignoriert, und wo sie später vertreten wurde, mit Erbitterung bekämpft. So verdienstvolle amerikanische Ölgeologen wie C. CARLL und C. D. ANGELL traten ihr entgegen, gewappnet mit der Belttheorie oder mit einer Vorstellung der Verknüpfung der Ölvorkommen mit alten Strandlinien, Ansichten, die in neuerer Zeit im Begriff der ,,Stratigraphischen Fallen“, der ,,Faziesfallen“ oder der ,,Lithologischen Fallen“ wieder zu neuem Leben erweckt wurden.

Es ist das Verdienst von H. HÖFER, der 1876 in Pennsylvanien die dortigen Ölfelder studierte, die wahren Zusammenhänge im Sinne der Antiklinaltheorie nicht nur beobachtet, sondern in seinem Bericht über ,,Die Petroleumindustrie Nordamerikas“ auch publiziert zu haben. Seine Ausführungen wurden von den amerikanischen Geologen zwar mit allen Anzeichen der Ehrerbietung, aber dennoch mit um so größerer Skepsis aufgenommen, da in demselben Jahre eine Monographie pennsylvanischer Ölfelder von H. E. WRIGLEY erschienen war, der die Antiklinaltheorie erneut scharf verdammte.

Statt dessen aber sicherten vor allem die Karpaten- und Kaukasusgeologen, unter ihnen Experten wie L. MARZEC für Rumänien, PAUL und TIETZE für Galizien, H. ABICH, A. KONSCHIN und A. B. THOMPSON für den Kaukasus neben vielen anderen den siegreichen Weiterverlauf der Antiklinaltheorie, der mit zunehmender Intensität der Erdölerkundung in aller Welt so überzeugend wurde, daß selbst die alten amerikanischen Widersacher CARLL und ASHBURNER auf diese Seite überwechselten und das Gros der amerikanischen Kollegen mitrissen.

In Deutschland war die Antiklinaltheorie selbstverständlich ebenso bekannt wie anderswo und wurde an den Instituten gelehrt, wenn sie auch in der Praxis weniger Eingang fand als in anderen Ländern. Das kam daher, daß bei uns die Erdölerkundung von der Erfassung der Salzstöcke, ausgehend von Wietze und Nienhagen, ihren Ausgang nahm. Entsprechend einer ebenso primitiven Verallgemeinerung wie zuvor geschildert, lief die Erkundungsrichtung in der ersten Phase der Entwicklung unserer damaligen Erdölwirtschaft einseitig auf das Abtasten der bekannten Salzstöcke und auf das Aufsuchen neuer Diapire hinaus. Erst in neuester Zeit hat mit der Entwicklung der Erdöl- und Erdgaslagerstätten im Emsland auch die Antiklinaltheorie in der Praxis nicht nur ihre neuerliche Bestätigung gefunden, sondern wurde zu einem stark betonten Erkundungselement.

Die Kenntnis der außerordentlichen Vielfältigkeit in der Form und Anlage von Erdöllagerstätten in aller Welt hat dazu geführt, daß die von HUNT aufgestellte Theorie, die niemals als die alleingültige anerkannt worden war, ihren zeitweilig recht offensichtlichen Vorsprung gegenüber anderen Ansichten zu Gunsten dieser aufgeben mußte.

Zieht man die heutigen Arbeiten in Betracht, die sich mit einer Systematisierung der Lagerstätten befassen, so ist die Antiklinallagerstätte eine von vielen. Immerhin aber ist die an sie geknüpfte Theorie die älteste der Erdölgeologie, basierend auf einer exakten wissenschaftlichen Grundlage, und die aus damaliger und heutiger Zeit mit dem Ruhm der größten Erfolge geschmückte.

Zur zulässigen Höchstbelastung eines Brunnens

JOHANNES ZIESCHANG, Berlin

Die Ausführungen des Verf. beziehen sich nur auf die Berechnung der zulässigen Höchstbelastung eines Brunnens, dessen Filter in einem feinkörnigen Lockergesteins-Grundwasserleiter steht.

Die Berechnung eines radial durchströmten Brunnenfilters kann nach den gleichen Gesetzen wie die Berechnung eines geradlinig durchströmten Filters durchgeführt werden. Nach DIN 4049 ist die Durchgangs- oder Filtergeschwindigkeit eines Grundwasserteilchens ein Rechnungswert, der sich aus dem Durchfluß in der Zeiteinheit je Einheit der Bruttofläche, die rechtwinklig zur Bewegungsrichtung steht, bestimmen läßt:

$$v = \frac{Q}{F} \qquad (m/s) \qquad (1)$$

Diese Geschwindigkeit entspricht derjenigen, mit der sich offenes Wasser auf die Oberfläche eines Filters hin bewegt. Sie ist andererseits das Produkt von Durchlässigkeitsbeiwert und Grundwassergefälle:

$$v = k_f \cdot I \qquad (m/s) \qquad (2)$$

Für die Berechnung der Brunnenleistung gilt dann auch die DARCYsche Durchflußgleichung:

$$Q = k_f \cdot I \cdot F \qquad (m^3/s) \qquad (3)$$

bzw.

$$Q = v \cdot F \qquad (m^3/s) \qquad (4)$$

Dabei bedeuten:
Q — Brunnenleistung in m^3/s
k_f — Durchlässigkeitsbeiwert des Grundwasserleiters am Filter in m/s
I — Grundwasserspiegelgefälle unmittelbar vor dem Eintritt des Grundwassers in den Gewebefilter oder in die Kiesschüttung
F — Filterfläche in m^2

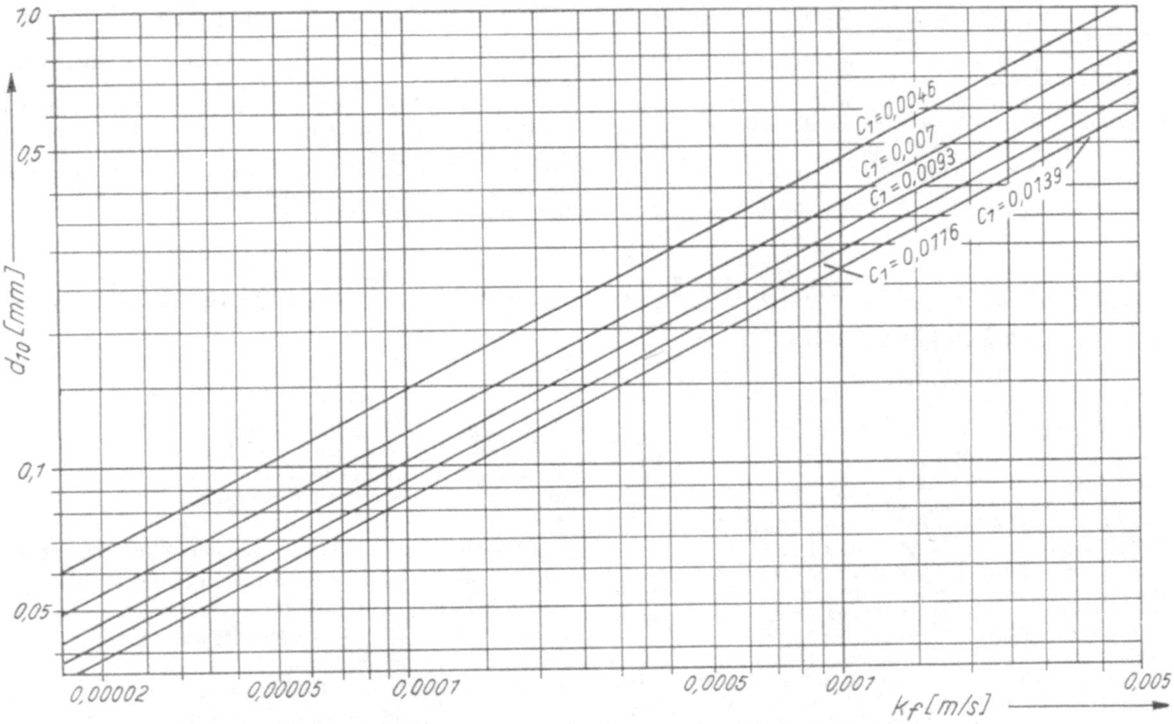

Abb. Graphische Darstellung der Beziehung zwischen k_f und d_{10} bei verschiedenen c_1-Werten (nach W. SCHIRRMEISTER)

Die Filterfläche beträgt bei Gewebefilterbrunnen:

$$F = h \cdot \pi \cdot d \quad (m^2) \tag{5}$$

und bei Kiesschüttungsbrunnen:

$$F = h \cdot \pi \cdot D \quad (m^2) \tag{6}$$

Dabei bedeuten:
h — offene, wasserbenetzte Filterlänge in m
d — Außendurchmesser des Gewebefilters in m
D — Bohrungsdurchmesser des Kiesschüttungsbrunnens in m

Die Durchgangs- oder Filtergeschwindigkeit v läßt sich in einem Grundwasserleiter nicht beliebig steigern. Bei der Berechnung der zulässigen Höchstbelastung eines Brunnens muß also die maximale Filtergeschwindigkeit v_{max} bekannt sein; sie ist durch die von SICHARDT empirisch ermittelte Formel

$$v_{max} = \frac{\sqrt{k_f}}{15} \quad (m/s) \tag{7}$$

bestimmbar.

Da der Saugrohreinlauf im Brunnen praktisch niemals so angeordnet werden kann, daß eine vollkommen gleichmäßige Belastung des Filters erreicht wird, muß die zulässige Filtergeschwindigkeit

$$v_{zul} < v_{max} \tag{8}$$

sein. Nach TRUELSEN soll die zulässige Filtergeschwindigkeit

$$v_{zul} = \frac{v_{max}}{2} \tag{9}$$

$$v_{zul} = \frac{\sqrt{k_f}}{30} \tag{10}$$

betragen. Die Gefahr der Versandung ist dabei weitestgehend beseitigt, und eine frühzeitige Verkrustung wird verhindert. Dann ist die zulässige Brunnenleistung bei Gewebefilterbrunnen:

$$Q_{zul} = \frac{\sqrt{k_f} \cdot h \cdot \pi \cdot d}{30} \tag{11}$$

und bei Kiesschüttungsbrunnen:

$$Q_{zul} = \frac{\sqrt{k_f} \cdot h \cdot \pi \cdot D}{30} \tag{12}$$

Für die Ermittlung der zulässigen Brunnenleistung genügt eine empirische k_f-Wert-Bestimmung, und zwar gilt die fundamentale Formel von HAZEN:

$$k_f = c_1 \cdot d_{10}^2 \cdot (0{,}70 + 0{,}03 \cdot t) \quad (m/s) \tag{13}$$

Dabei bedeuten:
c_1 — empirischer Beiwert, von der petrographischen Beschaffenheit des Grundwasserleiters abhängig (s. Tab. 1)
d_{10} — Korngröße bei 10 Gewichtsprozenten
t — Temperatur des Grundwassers in ° C

Bei der Einschätzung der petrographischen Bedingungen wurde bereits der Klassifikationsvorschlag für Lockergesteine (vom Zentralen Geologischen Dienst 1960 ausgearbeitet) berücksichtigt. Nach dieser Klassifikation liegt die Grenze zwischen Grobschluff und Staubsand bei einem Korndurchmesser von 0,02 mm. Die Werte der Tab. 1 basieren im wesentlichen auf Vorschlägen mittelasiatischer Wasserwirtschaftsinstitute; einige Einschränkungen wurden vorgenommen.

Die Temperatur des Grundwassers kann im vorliegenden Fall vernachlässigt werden, wenn nur die im Bereich der Deutschen Demokratischen Republik zu beobachtenden jahreszeitlichen Schwankungen der Grundwassertemperatur von ca. 6—14° C angetroffen werden. Außer den bereits genannten Faktoren sollte bei feinkörnigen Grundwasserleitern noch die Glimmerführung berücksichtigt werden, da mit zu-

Tab. 1. Empirischer Beiwert c_1

Petrographische Bedingungen	$U = \frac{d_{60}}{d_{10}}$	Gültigkeitsbereich für c_1, d_{10} in mm	c_1
reiner Sand oder kiesiger Sand	1–3	0,1 –0,6	0,0139
reiner Sand oder kiesiger Sand	3–5	0,1 –0,6	0,0116
schwach schluffiger Sand (bis 2% unter 0,01 mm ⌀)	< 5	0,1 –0,6	0,0093
schwach tonschluffhaltiger Sand (bis 3% unter 0,01 mm ⌀)	< 5	0,08–0,6	0,0070
tonschluffhaltiger Sand (bis 4% unter 0,01 mm ⌀)	< 5	0,06–0,6	0,0046

Tab. 2. Empirischer Beiwert c_2

Petrographische Bedingungen	c_2
kein Glimmergehalt bis Spuren	1
schwach glimmerig	0,8
stark glimmerig	0,5

nehmendem Glimmergehalt des Grundwasserleiters eine Verkleinerung der Durchflußfläche bei einer künstlichen Erhöhung des Grundwassergefälles durch Aufrichten der Glimmerplättchen erfolgt (Beiwert c_2, s. Tab. 2).

Nach den genannten Einschränkungen gilt also für die Berechnung des k_f-Wertes zur Bestimmung der Höchstbelastung eines Brunnens:

$$k_f = c_1 \cdot c_2 \cdot d_{10}^2 \quad \text{(m/s)} \qquad (14)$$

Werden von einem Filter Schichten mit unterschiedlichen k_f-Werten erfaßt, so ist der kleinste k_f-Wert zur Berechnung von Q_{zul} zu verwenden.

Die graphische Darstellung (s. Abb.) der Beziehung zwischen k_f und d_{10} unter Berücksichtigung der c_1-Werte aus Tab. 1 wurde von W. SCHIRRMEISTER entwickelt. Sie gestattet die graphische Bestimmung des k_f-Wertes entsprechend der Gleichung (14) bei $c_2 = 1$. Der Wert d_{10} ist bekannt, der Wert c_1 aus Tab. 1 ersichtlich, und der gesuchte k_f-Wert kann nun senkrecht unter dem Schnittpunkt der Geraden für die betreffenden Werte von d_{10} und c_1 abgelesen werden.

Ingenieurgeologische Kartierungen bei Talsperrengründungen in Felsgesteinen

HANS HÄNICHEN, Freiberg (Sa.) & RALPH POHLENZ, Dresden

1. Einleitung

Die Mitarbeit des Geologen bei Talsperrenbauten hat in den Jahren nach dem letzten Kriege erheblich zugenommen. Sie ist zu einem wesentlichen Bestandteil der Planung, Projektierung und Bauausführung geworden. Während sich früher die geologische Tätigkeit im allgemeinen nur auf eine generelle Standortsbegutachtung beschränkte, werden heute die mannigfaltigsten Anforderungen an den Geologen hinsichtlich der Beurteilung des Baugrundes, der Deutung der speziellen ingenieurgeologischen Verhältnisse für die verschiedensten Belange des Bauwerkes und seiner zweckmäßigsten Ausführung u. a. m. gestellt. Die Arbeit des Geologen schließt nicht mit der Fertigstellung des Bauwerkes ab, sondern kann sich darüber hinaus noch auf viele Jahre erstrecken. Bei der Auswertung langjähriger Deformationsmessungen, bei der Ermittlung der Ursachen von Wasserverlusten, bei eventuellen Bauwerksschäden und der allgemeinen Bauwerksüberwachung ist sie unentbehrlich. Alle diese Aufgaben können aber nur dann sinnvoll gelöst werden, wenn eine den speziellen ingenieurgeologischen Verhältnissen angepaßte Dokumentation der Untergrundverhältnisse vorliegt. Die ingenieurgeologische Kartierung der Gründungssohlen bei Talsperren ist somit ein wichtiger Bestandteil der geologischen Begutachtung.

2. Zweck und Ziel der ingenieurgeologischen Kartierung

Die ingenieurgeologische Kartierung der Gründungssohlen bei Talsperren in Felsgesteinen hat die Aufgabe, unter Auswertung der vorangegangenen Tiefensondierungen (Kernbohrungen, Schurfschächte oder anderer bergmännischer Auffahrungen) die Standsicherheit des Sperrkörpers nachzuweisen. Ausreichende Gründungstiefe muß die Tragfähigkeit des Baugrundes gewährleisten. Die Gründungsfläche muß dabei so beschaffen sein, daß sie den von der Mauer ausgeübten statischen Druck mit der erforderlichen Sicherheit ohne Beeinträchtigung des Gesteinsgefüges aufzunehmen vermag.

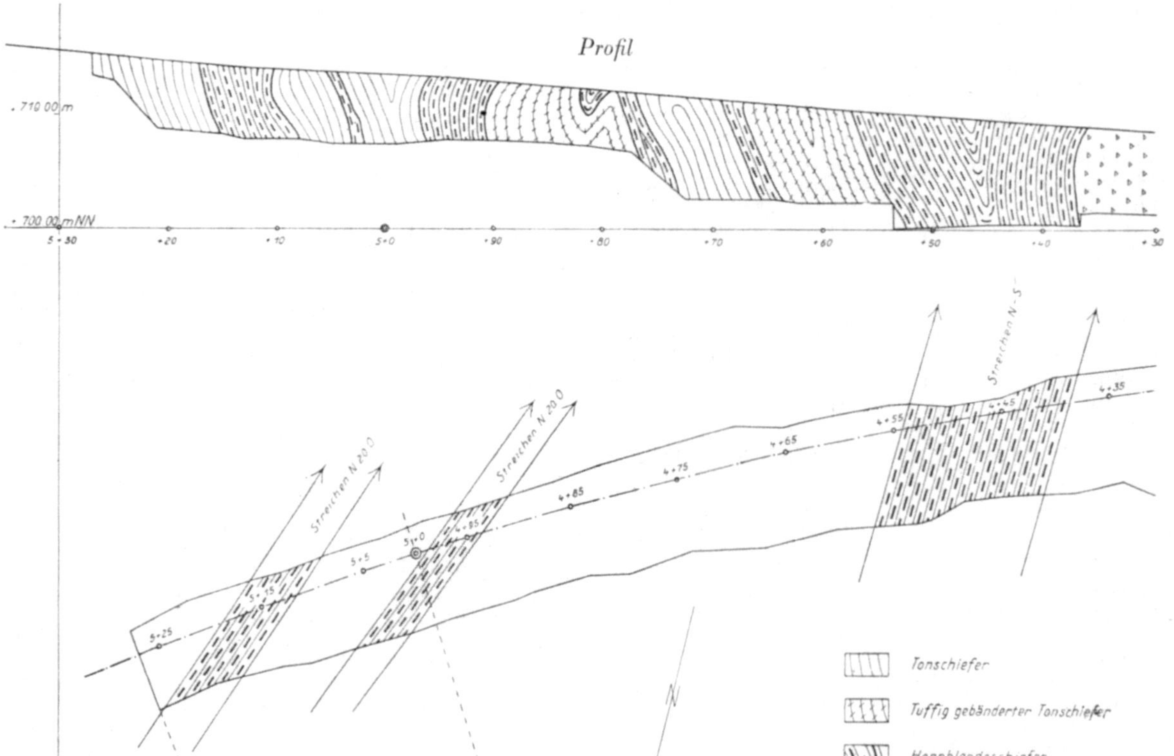

Abb. 1. Baugrundkartierung Talsperre Muldenberg (Aufnahme 1921)

Abb. 2. Störungszone in der Baugrube des linken Talhanges der Talsperre Sosa (Photo PIETZSCH)

Durch die Kartierung aller geologischen Einzelheiten (Störungszonen, Gänge, Rutschflächen, Spalten, Klüfte, Schichtgrenzen usw.) können in Verbindung mit dem Projektanten und dem Baubetrieb die unter Umständen erforderlichen baulichen Sicherungsmaßnahmen, sei es eine Tieferlegung der Gründungssohle, eine Vergütung des Baugrundes durch geeignete Injektionen oder eine andere bauliche Notwendigkeit, festgelegt werden.

Für die Ermittlung des Querschnittes und für die Standsicherheit einer Gewichtsstaumauer ist der Sohlenwasserdruck, der dem Eigengewicht der Mauermassen entgegenwirkt, von wesentlicher Bedeutung. Wird er zu hoch angesetzt, kommt man zu einem unwirtschaftlichen Querschnitt, während die Standsicherheit einer Gewichtsstaumauer bei zu niedrigen Werten nicht mehr gegeben ist. Der Sohlenwasserdruck ist daher unmittelbar von den speziellen geologischen Verhältnissen abhängig, d. h. von der Beschaffenheit des Felsuntergrundes und der Möglichkeit des Abflusses von Wässern aus Klüften, Spalten, Störungen, Schichtfugen oder durch andere geologische Faktoren. Gewisse Angaben über die Größe des Sohlenwasserdruckes, der sich aus dem sogenannten Flächenbeiwert a und dem Abminderungsbeiwert m zusammensetzt, können wohl bei den geologischen Vorerkundungen gemacht werden, doch ermöglichen sich verbindliche Aussagen nur durch eine genaue ingenieurgeologische Kartierung der Baugrube. Die Lage der Sohlenwasserdruckglocken im kartierten Baugrubenbereich muß nach geologischen Erwägungen erfolgen, um eine sinnvolle Auswertung der späteren Messungen zu ermöglichen.

Besonders wichtig ist die ingenieurgeologische Kartierung der Gründungssohlen, wenn sich am späteren Bauwerk Veränderungen zeigen, die mit den Untergrundverhältnissen in Zusammenhang gebracht werden können. Liegt eine genaue ingenieurgeologische Kartierung der Gründungssohle vor, so ist eine Auswertung der Deformationsmessungen, der Sickerwasserverluste, der Messungen des Sohlenwasserdruckes und aller der Faktoren, die für die Überwachung der Talsperre von Bedeutung sind, möglich. Der Aufwand an Zeit und Kosten für eventuell notwendig werdende zusätzliche Untersuchungsarbeiten wird dabei auf ein Mindestmaß herabgesetzt.

Aus der Vielzahl der erwähnten Gründe ergibt sich die Notwendigkeit einer der Kompliziertheit der geologischen Verhältnisse entsprechenden ingenieurgeologischen Kartierung der Gründungssohlen von Talsperren in Felsgesteinen, so wie sie auch in DIN 19700 (Richtlinie für den Entwurf, Bau und Betrieb, Teil I, Talsperren) unter Punkt 3.13 gefordert wird.

Im folgenden sollen an einigen Beispielen die Entwicklung der ingenieurgeologischen Kartierung bei Talsperrengründungen gezeigt und Hinweise für eine wohl allen Anforderungen gerecht werdende Kartierung gegeben werden.

3. Talsperre Muldenberg

Die Talsperre Muldenberg im Vogtland, südlich der Stadt Falkenstein, staut die Zwickauer Mulde zur Wasserversorgung des gesamten oberen Vogtlandes. Sie wurde als Schwergewichtsmauer in den Jahren 1920 bis 1925 gebaut. Eine genaue geologische Kartierung der Baugrube erfolgte nicht. Nur aus dem Anfangsstadium der Bauarbeiten liegt ein geologisches Profil vom rechten Hang vor, das jedoch nicht von einem Geologen aufgenommen wurde und deshalb keine tektonischen An-

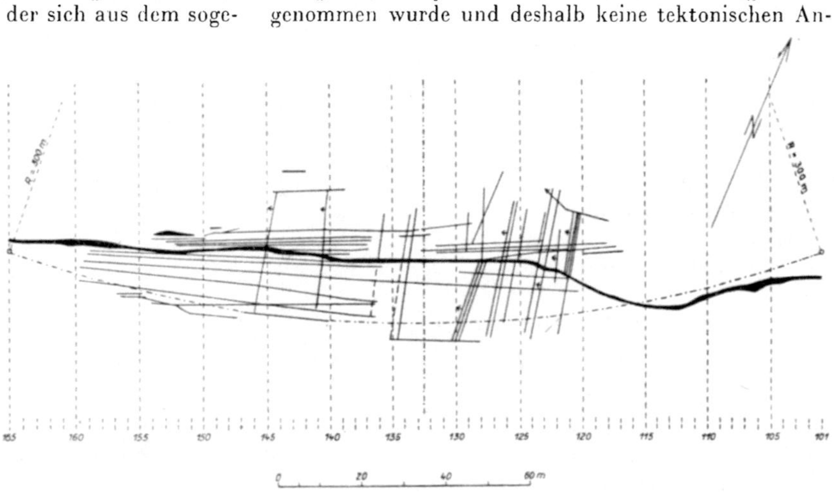

Abb. 3. Baugrundkartierung Talsperre Sosa (Aufnahme 1950)

gaben enthält (Abb. 1). Die petrographische Aussagekraft muß angezweifelt werden, da zum Beispiel quarzreiche Hornblendeschiefer als tuffig gebänderte Tonschiefer angesehen wurden. Das Hauptaugenmerk der Kartierung lag auf den Hornblendeschiefergängen, da diese infolge ihrer tiefgründigen Zersetzung eine besondere Vertiefung der Baugrube erforderten. Dem Profil lag als tektonische Grundtendenz ein Faltenbau zugrunde. Neuere Untersuchungen der Sperrstelle haben ergeben, daß dies nur bedingt zutrifft. In diesem Zusammenhang muß erwähnt werden, daß zur Zeit eine umfassende ingenieurgeologische Untersuchung des Sperrenuntergrundes durchgeführt wird, zu der erhebliche Deformationen des Mauerkörpers, die unmittelbar auf die Untergrundverhältnisse zurückzuführen sind, Anlaß gegeben haben.

Die in Abb. 1 wiedergegebene Baugrundkartierung aus dem Jahre 1921 läßt wohl die Lage verschiedener Gesteinsschichten im Sperruntergrund erkennen, doch fehlt die Darstellung der wesentlichsten tektonischen Merkmale, die zu einer eingehenden ingenieurgeologischen Bewertung des Baugrundes führen können. Angaben über die Ausbildung der Gesteine, über die speziellen Lagerungsverhältnisse, über Schichtung, Schieferung und das Einfallen der Gesteinsschichten fehlen. Über die Klüftigkeit des Untergrundes, über eventuelle Störungen und deren Verlauf, über Wasseraustritte in der Baugrube und über alle die geologischen Gegebenheiten, die in ihrer Gesamtbetrachtung erst eine Bewertung der Untergrundverhältnisse ermöglichen, gibt die Baugrundkartierung nicht oder nur in ganz groben Zügen Aufschluß.

Trotz der aufgezeigten Mängel läßt die Baugrundkartierung der Talsperre Muldenberg gewisse Schlußfolgerungen zu, die bei der obenerwähnten ingenieurgeologischen Untersuchung berücksichtigt werden. Die Kartierung der

Abb. 4. Baugrundkartierung Talsperre Pöhl

1 — lehmig-steiniger Verwitterungsschutt; 2 — Diabas, stark klüftig, verwittert (chloritisiert); 3 — Diabas, fest, kompakt; 4 — Diabaszersatz, z. T. mit Brauneisen durchsetzt; 5 — Brauneisenmulm, dunkelbraun; 6 — verkieseltes Brauneisen, dunkelbraun; 7 — Streich- und Fallrichtung der Hauptklüfte

Abb. 5. Teil der Gründungssohle eines Blockes an der Talsperre Pöhl

Untergrundverhältnisse der Talsperre Muldenberg hat für den sächsischen Talsperrenbau insofern große Bedeutung, als sie den Beginn einer geologischen Kartierung der Gründungsverhältnisse darstellt und somit als Ausgangspunkt einer modernen ingenieurgeologischen Kartierung der Gründungssohlen von Talsperren in Felsgesteinen angesehen werden kann.

4. Talsperre Sosa

Die Talsperre Sosa liegt im Tal der Kleinen Bockau, etwa 10 km südlich von Aue, und wurde in den Jahren 1949 bis 1951 errichtet. An der Sperrstelle steht der normale grobkörnige, teilweise etwas porphyrartige Eibenstocker Turmalingranit an. Im Granit zeigten sich zahlreiche feinere und stärkere Klüfte und Störungszonen, die zum Teil die Baugrube in ihrer gesamten Längserstreckung querten (Abb. 2). Die vorherrschende Klüftung verläuft ungefähr parallel zur Längsachse der Mauer, während eine zweite Kluftschar etwa senkrecht dazu durchsetzt. Besonders auffällig war eine Störungszone, welche die Baugrube in ihrer ganzen Erstreckung durchzog. In dieser Zone war das Gestein kaum wesentlich zersetzt, aber stark zerdrückt. Abgesehen von der starken Klüftigkeit des Untergrundes und dem Auftreten größerer Störungen liegen relativ einheitliche Untergrundverhältnisse vor, so daß sich eine Baugrundkartierung im wesentlichen auf die Darstellung der Kluftverhältnisse beschränken konnte (Abb. 3). Wenn auch die Baugrundkartierung nur die hauptsächlichsten geologischen Merkmale, und das auch nur mehr oder minder schematisiert, zur Darstellung bringt, so charakterisiert sie doch die besonderen ingenieurgeologischen Verhältnisse. Die Baugrundkartierung der Talsperre Sosa, die allerdings noch viele geologische Momente offenläßt, kann als ein weiterer Fortschritt der ingenieurgeologischen Kartierung auf dem Gebiete des Talsperrenbaus angesehen werden.

5. Talsperre Pöhl (Vogtl.)

Etwa 1 km vor Einmündung der Trieb in die Weiße Elster wird zur Zeit die Talsperre Pöhl, eine der größten Talsperren Deutschlands, errichtet. Der Untergrund der Sperre besteht aus diabasischen Gesteinen, die von mehreren Eisenerzgängen durchsetzt werden. Neben den Eisenerzgängen, auf denen zum Teil Bergbau umgegangen ist, wird der Baugrund durch mehr oder minder stark ausgeprägte Störungen gekennzeichnet. Im Bereich der Gänge und Störungen ist teilweise eine stärkere Beeinflussung des umgebenden Gesteins feststellbar, die sich ungüstig auf die Standsicherheit der Mauer auswirken kann, wenn nicht besondere bauliche Maßnahmen ergriffen werden. Eine eingehende ingenieurgeologische Erkundung des Sperrenuntergrundes war somit erforderlich, wobei einen wesentlichen Bestandteil die ingenieurgeologische Baugrundkartierung einnimmt, die im folgenden erläutert werden soll.

Je nach der Kompliziertheit der geologischen Verhältnisse werden die Gründungssohlen von Talsperren im Maßstab 1:50 bis 1:200 kartiert. Die Kartierung der einzelnen Felder bzw. Blöcke der Talsperre Pöhl erfolgte im Maßstab 1:50. Zur Darstellung kommen die verschiedenen Gesteine mit ihren Schichtgrenzen, Klüfte, Schichtung, Striemung und Störungen mit Streich- und Fallrichtungen sowie ihrer Breite und eventueller Ausfüllung. Wasseraustrittsstellen werden unter Angabe der zusitzenden Wassermenge angegeben. Die Lage der Sohlenwasserdruckglocken und der entnommenen Gesteinsproben wird bereits bei der Geländeaufnahme festgelegt. Alle geologischen und tektonischen Faktoren werden naturgetreu in die Karte eingetragen, wobei die Stellen der Kompaßmessungen mit eingezeichnet werden. Die Begrenzung des zu kartierenden Baugrubenbereiches wird durch besondere Markierungen festgelegt oder ist bereits durch die Einschalung für die darauffolgende Betonierung gegeben. Die Begrenzungslinien werden in bestimmte Abstände unterteilt, so daß die Lage jeder einzelnen Kluft oder Störung im Gelände eingemessen und naturgetreu in die Karte eingetragen werden kann. Dadurch können Abweichungen der Kompaßnadel durch äußere Einflüsse (Baustähle usw.) oder Fehlmessungen bei der zeichnerischen Darstellung festgestellt werden (Abb. 4).

Die Baugrundkartierung wird durch einen Erläuterungsbericht ergänzt, der die allgemeinen geologisch-

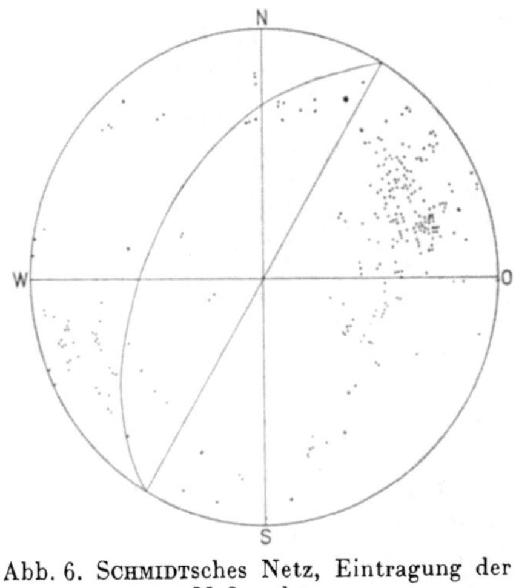

Abb. 6. SCHMIDTsches Netz, Eintragung der Meßpunkte

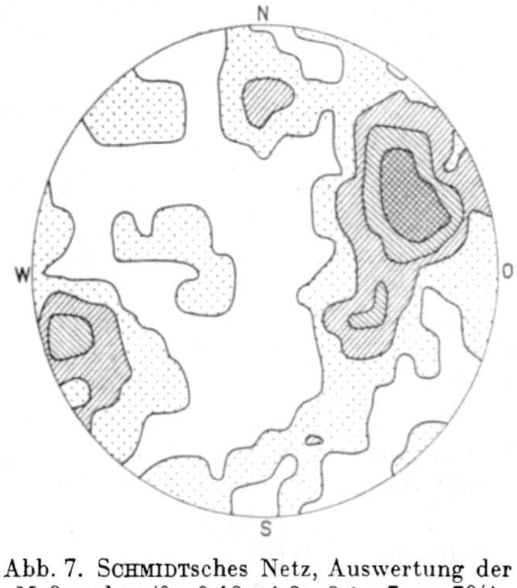

Abb. 7. SCHMIDTsches Netz, Auswertung der Meßpunkte (0—0,18—1,2—3,4—7—>7%)

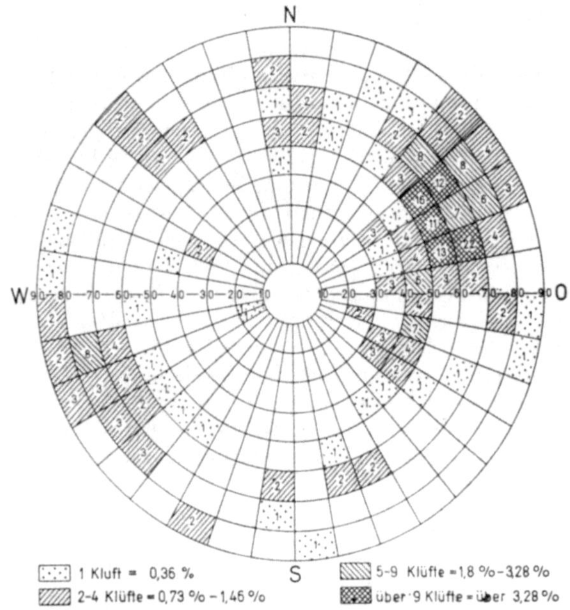

Abb. 8. Statistische Kluftdarstellung

tektonischen Verhältnisse schildert und geologische Besonderheiten des Baugrundes näher erläutert, z. B. Beschreibung des Mineralbestandes von Gang- und Spaltenfüllungen oder Angaben über Ausbildung der Störungen. Daneben werden im Erläuterungsbericht Analysenwerte von gesteinstechnischen oder chemischen Untersuchungen, die mit dem Baugrund in Verbindung stehen, bekanntgegeben. Eine Ergänzung findet der Erläuterungsbericht durch Bildaufnahmen, wie es auch in DIN 19700 angestrebt wird (Abb. 5).

Die moderne ingenieurgeologische Kartierung von Felsgesteinen muß sich mehr als bisher mit geomechanischen Problemen beschäftigen. Dazu ist es notwendig, daß die wichtigsten tektonischen Elemente wie Störungen, Spalten, Gänge und Klüfte erfaßt und statistisch ausgewertet werden. Zur statistischen Auswertung müssen zahlreiche Messungen vorliegen, wobei stark ausgeprägte Klüfte, die einen großen Teil der Gründungsfläche queren und ingenieurgeologisch von großer Bedeutung sind, im entsprechenden Verhältnis zu unbedeutenderen Klüften dargestellt werden müssen. Es wird deshalb über die gesamte Kartierungsfläche ein Netz mit etwa 2,5 m Maschenweite gelegt. An den Schnittpunkten des Netzes mit den Klüften liest man die Streich- und Fallwerte ab. Somit gehen die Hauptklüfte ihrer Bedeutung entsprechend zahlenmäßig in die statistische Auswertung ein.

Es gibt verschiedene Arten der Kluftdarstellung. Die allgemein angewendeten Kluftrosen haben den großen Nachteil, daß die Streich- und Fallrichtung getrennt gezeichnet werden. Die Mängel der Kluftrosendarstellung werden durch die Darstellung im SCHMIDTschen Netz (Abb. 6 und 7) behoben. Die Anfertigung einer solchen Kluftdarstellung erfordert großen Arbeitsaufwand und ist für den Bauingenieur schwer lesbar und verständlich. Von den Verfassern wurde daher eine neue Darstellung entwickelt, die sich seit Jahren in der Praxis gut bewährt hat. Die Grundlage dieser Darstellung bildet das SCHMIDTsche Netz (Abb. 8 und 9). Die Tangenten an den jeweiligen Kreisen des Einfallwinkels stellen die Streichrichtung dar, während die Richtung des Klufteinfallens an der gegenüberliegenden Seite abgelesen wird. So treten in den Abb. 8 und 9 beispielsweise 22 Klüfte auf, die zwischen 161° und 170° streichen und mit 61° bis 70° nach WSW einfallen. Die Unterteilung der Streich- und Fallwerte wird bei dieser Methode der Darstellung alle 10° vorgenommen. Das in der Kluftdarstellung erkennbare breite Maximum wird durch das Umbiegen eines Erzganges und dessen Parallelklüftung hervorgerufen. Wird eine kleinere Unterteilung der Kreise (etwa alle 5°) vorgenommen, entspricht dies wohl mehr den natürlichen Verhältnissen, doch leidet darunter die Übersichtlichkeit der Darstellung. Um die Anschaulichkeit zu erhöhen, werden bestimmende Häufigkeiten der Klüfte durch entsprechende Schraffur oder Farbton zu Gruppen zusammengefaßt. Die Anzahl der Klüfte wird dabei noch durch Zahlen in den Kreisausschnitten angegeben. Im Gegensatz zur Kluftdarstellung der Abb. 8 werden in Abb. 9 die Klüfte in einem flächengleichen Netz eingetragen. Der Vorteil der flächengleichen Teile liegt in einer guten Eintragungsmöglichkeit und der besseren Übersichtlichkeit; zum anderen entspricht diese Darstellung mehr der Grundkonzeption des SCHMIDTschen Netzes. Dabei verhalten sich die Quadrate der Radien der Kleinkreise zu dem Quadrat des Radius des Außenkreises wie ganze Zahlen, und zwar:

$$r_1^2 : r_2^2 : r_3^2 \ldots\ldots r_q^2 = 1:2:3 \ldots q$$

$$r_1^2 = \frac{R^2}{q}$$

Insgesamt betrachtet stellt die Baugrundkartierung der Talsperre Pöhl — Kartierung, Erläuterungsbericht mit Bildaufnahmen und statistischer Kluftauswertung — eine weitere Entwicklung ingenieurgeologischer Kartierungen von Felsgesteinen bei Talsperrengründungen dar. Die Erfahrungen in der Praxis haben gezeigt, daß die angewendeten Methoden der Darstellung und Auswertung allen bisherigen Anforderungen gerecht werden.

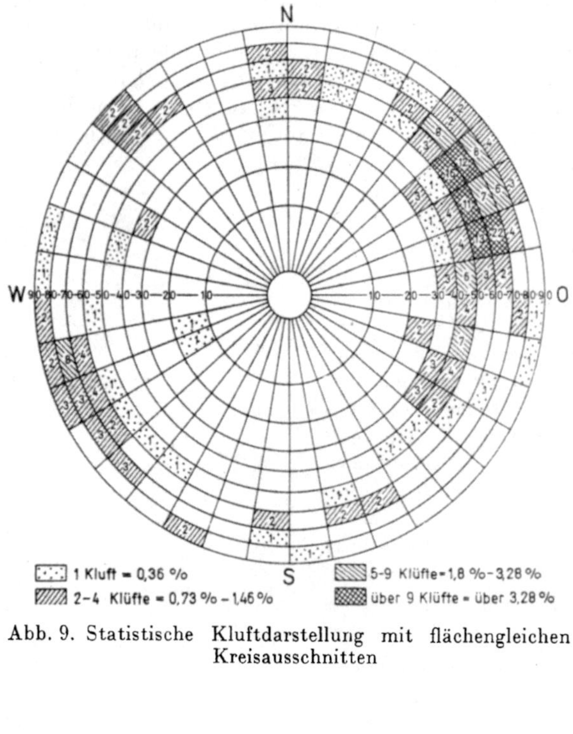

Abb. 9. Statistische Kluftdarstellung mit flächengleichen Kreisausschnitten

Zusammenfassung

Verf. geben einen Überblick über die Entwicklung ingenieurgeologischer Kartierungen bei Talsperrengründungen in Felsgesteinen. An drei Talsperren im sächsischen Raum wird die Entwicklung gezeigt. Die Kartierungsarbeiten an der Talsperre Pöhl entsprechen den modernsten Anforderungen und haben sich in der Praxis seit Jahren bewährt. Besonders behandelt werden die Methoden der statistischen Kluftdarstellung, für die Verf. eine neue Darstellungsform ausgearbeitet haben.

Резюме

Авторы представляют обзор о развитии инженерно-геологического картирования при плотиностроении в скалистых породах. Развитие показывается на примере трех плотин в Саксонии. Картировочные работы у плотины Пель соответствуют новейшим требованиям и оправдались давно на практике. Особенное внимание уделяется методам статистического изображения трещин, для которого авторы разработали новую форму изображения.

Summary

Three dams situated in Saxony are quoted by the authors in their outline to describe the development of engineering-geological mapping of dam foundations in solid rocks. Mapping carried out at the Pöhl dam meets all modern requirements and has proved useful in practice for years. Special attention is given to methods of statistical joint representation, for which a new form has been elaborated by the authors.

Literatur

HÄNICHEN, H.: Einige ingenieurgeologische Probleme beim Bau der Talsperre Pöhl (Vogtl.). – Z. angew. Geol., 5, S. 463–468 (1959).
– Geologische Gutachten über die Talsperre Pöhl. – Archiv der Staatl. Geol. Komm.
PIETZSCH, K.: Geologisches Gutachten zur Talsperre Sosa. – Talsperrenarchiv der Staatl. Geol. Komm.
DIN 19700 – Stauanlagen. Richtlinien für den Entwurf, Bau und Betrieb; Teil I, Talsperren, 1953.
Richtlinie des Zentralen Geologischen Dienstes zur Durchführung geologischer Untersuchungsarbeiten für den Bau von Talsperren. – Z. angew. Geol., 6, S. 418–421 (1960).
Talsperrenarchiv der Staatl. Geol. Komm., Talsperre Muldenberg.

Geologisch-geophysikalische Untersuchung des Phonoliths von Hammerunterwiesenthal (Erzgebirge)

Mitteilung aus dem Geologischen Institut der Bergakademie Freiberg (Sa.)

WOLFGANG JAEGER, Freiberg (Sa.)

Die geologische Karte Oberwiesenthal—Weipert zeigt bei Hammerunterwiesenthal mehrere Phonolithvorkommen, und zwar die von Tuffen umgebenen Phonolithkörper südlich der Bärenlohe und auf der Höhe 865 sowie die im Gneis aufsitzenden Vorkommen auf Höhe 890 und Schlössel/ČSSR. Diese Phonolithe werden unter dem Namen „Phonolithstock von Hammerunterwiesenthal" zusammengefaßt. Außerdem sind in den Kalkbrüchen nordwestlich von Hammerunterwiesenthal und im Gangrevier Niederschlag—Bärenstein zahlreiche Phonolithgänge bekannt.

I. Die Phonolithe

Der Phonolith von Schlössel (ČSSR)

Dieser Phonolith ist in zwei Steinbrüchen gegenüber von Hammerunterwiesenthal aufgeschlossen. Unter den Alluvionen des Grenzbaches wurde er mehrfach angetroffen und läßt damit eine Verbindung zu den deutschen Vorkommen erkennen. Nach HERRE (1930) handelt es sich um einen shonkinitischen Phonolith. In beiden Steinbrüchen zeigt das Gestein eine fächerförmige, säulige Absonderung. Es stellt nach REINISCH (1917) eine Quellkuppe dar.

Der Phonolith auf Höhe 865

Das Vorkommen ist durch den Steinbruch Richter südöstlich der Höhe aufgeschlossen. Nach HERRE (1930) wird der Phonolith als trachytoider Phonolith bezeichnet. Häufig treten im Phonolith essexitische und granitische Gesteinstypen als Einschlüsse auf. Im SE-Teil des Steinbruches setzen mehrere bis 1 m mächtige Nephelinitporphyrgänge mit vorwiegend steilem Einfallen nach NW auf. An der Westwand war zur Zeit der Untersuchungen eine NNW verlaufende Drusenzone aufgeschlossen. In den bis zu 0,5 m großen Drusen kam es zum Absatz von Calcit und Zeolithen. In der Umgebung dieser Zonen ist der Phonolith säulig ausgebildet. Die Säulenbildung wird mit zunehmender Entfernung von dieser Drusenzone immer undeutlicher und führt schließlich zu massigem Phonolith.

Die Ermittlung der Intrusionsform des Phonoliths erfolgte mit Hilfe des Fluidalgefüges. Unter der Annahme, daß die nadlig ausgebildeten Ägirinaugiteinsprenglinge die Fließfäden im Gestein abbilden, wurden diese eingemessen. Abb. 1 vermittelt einen Überblick über das Fluidalgefüge. Die in allen Diagrammen erkennbare deutliche Regelung zeigt, daß die Fließrichtungen in den Diagrammen I, IX und V nach oben, in den Diagrammen III, IV, VII und VIII dagegen

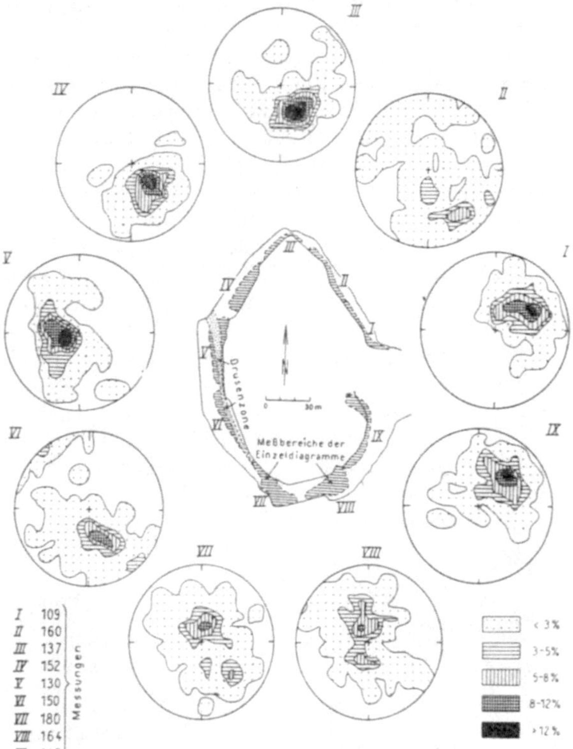

Abb. 1. Fließgefüge des Phonoliths im Steinbruch Richter

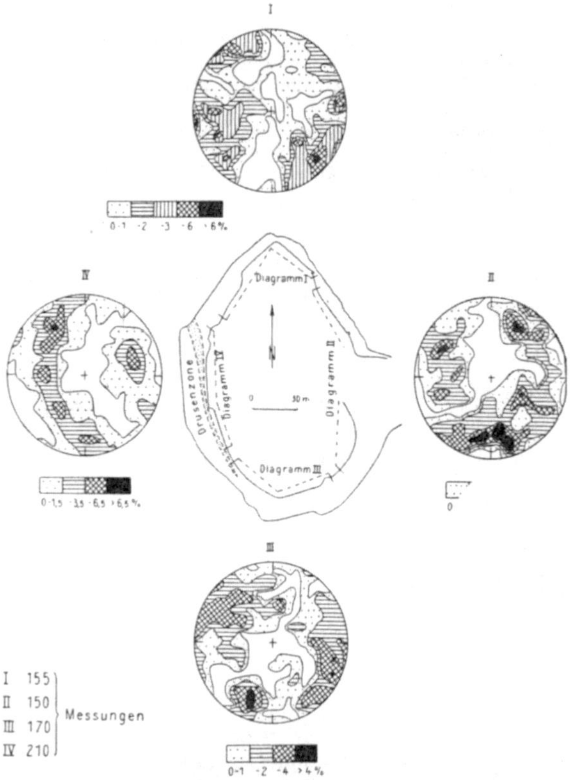

Abb. 2. Klufttektonik im Phonolith des Steinbruches Richter

nach unten konvergieren. Räumlich gesehen würde das auf ein in NW-Richtung gestrecktes, oben eventuell geschlossenes Gewölbe deuten und könnte mit einer Quellkuppe verglichen werden.

Die Kluftausbildung im Phonolith zeigt Abb. 2. In den Diagrammen I—III treten bevorzugt die Richtungen 10—50° und 100—140°, untergeordnet die Richtungen 160—175° und 60—95° auf.

Die Nephelinitporphyrgänge im SE-Teil des Bruches folgen dem Maximum 10—50°, das unter Vorbehalt der Q-Richtung entsprechen könnte. Das würde gut mit der von ROST (1928) und SCHULZ (1958) ermittelten Druckrichtung übereinstimmen (vgl. Abb. 3).

Das Maximum 100—140° verläuft etwa parallel dem Kontakt Tuff/Phonolith im NE-Teil des Steinbruches. Die Fließfäden liegen z. T. in der Ebene dieser Klüfte, die senkrecht zu den „Zerrklüften" verlaufen und eventuelle S-Klüfte darstellen. Die untergeordnet auftretenden Maxima wären dann als Diagonalklüfte zu deuten, ihnen laufen Störungen und Ruschelzonen häufig parallel.

Allgemein bedeutet das, daß sich die in der Umgebung des Phonoliths vorhandenen Druckverhältnisse im Gestein abgebildet haben. Da ein Vergleich mit den Steinbrüchen von Schlössel leider nicht möglich war, ist das Ergebnis noch nicht gesichert.

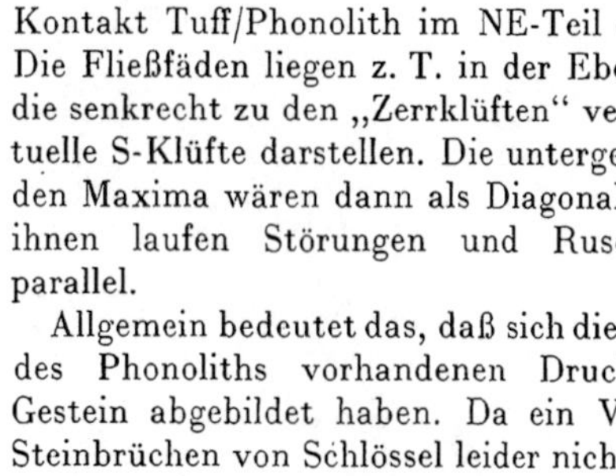

Abb. 3. Hauptkluftrichtungen im Phonolith des Steinbruches Richter. (Die stark ausgezogenen Zerrklüfte stellen Gänge dar.)

Diagramm IV der Abb. 2 bildet die säulige Absonderung des Phonoliths in der Umgebung der Drusenzone an der Westwand des Bruches ab.

Die Phonolithsäulen sind vier- bis sechsseitig ausgebildet und nach WOCKE (1926—1927) als autonome Säulen aufzufassen. Zwei Säulenbündel von je acht Säulen wurden nach der von BRINKMANN (1957) vorgeschlagenen Methode untersucht (Abb. 4). Die Summenpolygone, ermittelt aus Azimut und Seitenlänge der Säulenflächen, zeigen eine elliptische Deformation. Die kurze Polygonachse, die der Richtung einer Zusatzspannung entspricht, fällt in Richtung des Maximums der Entgasungszone ein. Die Drusen lassen in diesem Bereich eine Streckung in gleicher Richtung erkennen.

Die Zusatzspannungen werden in der Ebene der Querabsonderung der Säulen ermittelt. Ein Vergleich mit dem Fließgefüge der vermessenen Säulen zeigt, daß die Querabsonderung mit dem Fließgefüge einen Winkel von etwa 30° bildet, d. h., die Säulenbildung erfolgte zu einem Zeitpunkt, als das Fließgefüge schon vorlag, der Phonolith jedoch noch plastische Eigenschaften aufwies.

Der Phonolith auf Höhe 890

Der Phonolith zeigt bis auf einen höheren Gehalt an Titanit und Hornblende die gleiche petrographische Zusammensetzung wie im Steinbruch Richter. Die bis 1 cm großen Ägirinaugiteinsprenglinge lassen ein deutliches Fluidalgefüge erkennen. Die Fließlinien liegen in

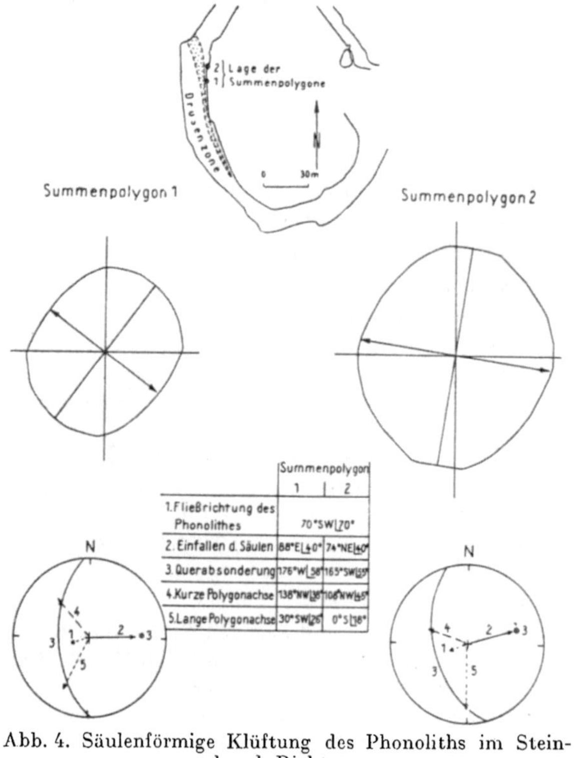

Abb. 4. Säulenförmige Klüftung des Phonoliths im Steinbruch Richter

der Ebene einer das Gestein durchsetzenden Plattung (Abb. 5). Die Klüftung ist durch eine steil nach NE einfallende säulige Absonderung und die Plattung parallel dem Fließgefüge gekennzeichnet, wobei die Säulenflächen von den Phonolith durchsetzenden Klüften gebildet werden. WOCKE (1926—1927) bezeichnet derartige Säulen als heteronom.

Im Nordteil des Kalkbruches II ist der Phonolith nochmals aufgeschlossen (Abb. 6). Obwohl hier die dem

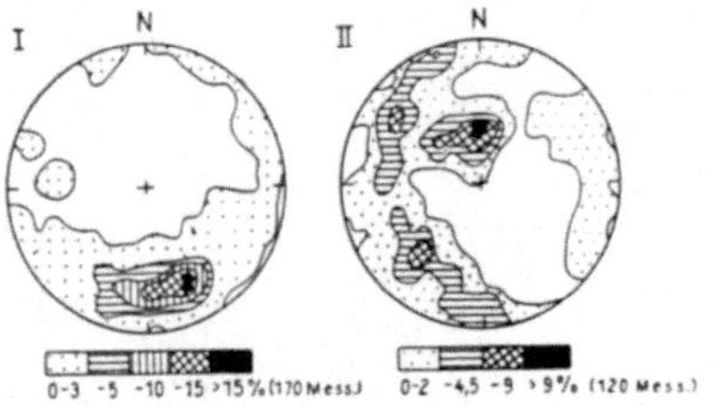

Abb. 5. Fließgefüge (I) und Klufttektonik (II) im Phonolith auf Höhe 890,3

Phonolith benachbarten Kalke infolge ihrer intensiven Verfaltung örtlich sehr unterschiedliches Einfallen aufweisen, ist erkennbar, daß das Einfallen mit Annäherung an den Phonolith immer steiler wird und eine Schleppung und Aufpressung der Kalke durch den Phonolith widerspiegelt. Mit zunehmender Tiefe verjüngt sich der Phonolithkörper und zeigt einen keulenförmigen Querschnitt. Parallel den Längsflanken setzen im Nebengestein Phonolithgänge auf, die an der Ostflanke steil nach SE und an der Westflanke steil nach SW einfallen. Diese Beobachtungen können Hinweise für eine hydrostatische Intrusion des Phonoliths in diesem Bereich darstellen.

Die Phonolithgänge im Gangrevier Niederschlag—Bärenstein

Parallel der NNW verlaufenden Hauptgangzone setzen im Gneis zahlreiche Phonolithgänge auf. Die Ganggesteine sind dicht, graugrün und z. T. porphyrisch ausgebildet (Einsprenglinge: 2—3 cm große Biotittafeln, bis 1 cm große Sanidintafeln. Grundmasse: Sanidin, Ägirinaugit, braune Hornblende, Biotitschüppchen, Nephelin, Apatit, Erz).

In hangenden Partien der Gänge sind örtlich viele Gneis- und Graniteinschlüsse anzutreffen. Die Gänge folgen im wesentlichen tektonisch vorgezeichneten Richtungen (Schwebende, Störungen u. a.). An s-Flächen und Schwebenden, die nach SCHULZ (1958) weitgehende Übereinstimmung im Streichen und Fallen erkennen lassen, können in Nachbarschaft der Phonolithgänge Aufwölbungen beobachtet werden. Einzelne Kalkbänke sind versetzt (Abb. 7).

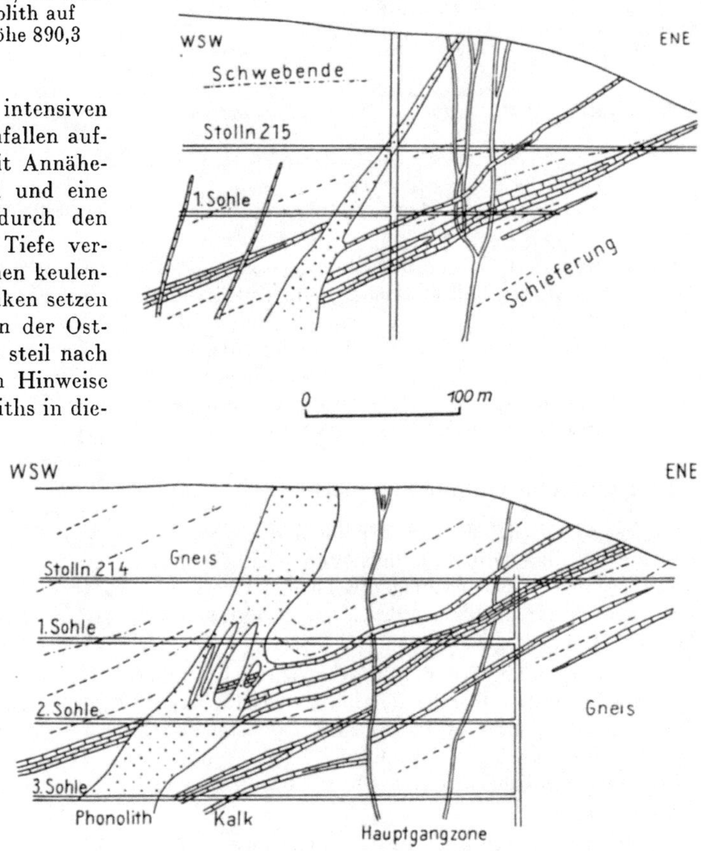

Abb. 7. Profile durch das Gangrevier Niederschlag nördlich von Hammerunterwiesenthal/Erzgebirge (nach H. SCHULZ 1958)

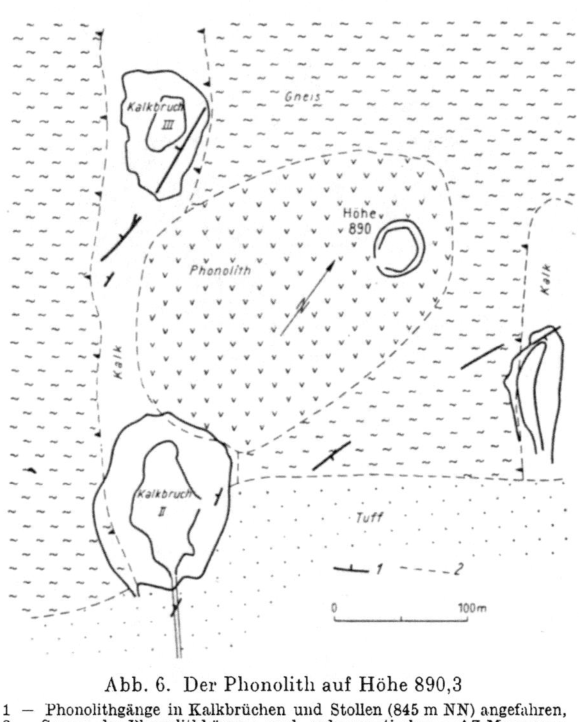

Abb. 6. Der Phonolith auf Höhe 890,3

1 — Phonolithgänge in Kalkbrüchen und Stollen (845 m NN) angefahren,
2 — Grenze des Phonolithkörpers nach erdmagnetischen $\equiv\Delta Z$-Messungen

II. Die Tuffite

Der Tuffit ist nur im Kalkbruch II südlich Höhe 890 und in der NE-Ecke des Steinbruches Richter aufgeschlossen. An der NE-Wand des Kalkbruches II bilden die Tuffite eine flach nach NE einfallende Mulde. Der Tuffit besteht aus einer Wechsellagerung von geschichteten feinen Aschentuffen (mit großem Anteil von Biotit und Augit) und Konglomeraten mit bis 20 cm großen Geröllen von Gneis, Kalk und basaltähnlichem Material.

Einen besseren Überblick über die Tuffite vermittelt der Entwässerungsstollen des Kalkbruches II (Abb. 8). Graublauer, feinschichtiger Tuff wechsellagert mit einem dunklen, kompakten Tuff, der aus einer dichten Grundmasse mit großen Biotiten, Augiten und Hornblenden besteht. Die Tuffe fallen mit 0—5° nach SE ein. Nach SE, d. h. nach dem Hangenden, nimmt der Anteil des feinschichtigen Tuffes immer mehr zu.

Der Tuffit in der NE-Ecke des Steinbruches Richter besteht aus einer feinkörnigen Tuffkomponente und Trümmern kristalliner Schiefer. Letztere weisen häufig die Merkmale der „Tuffisierung“ nach CLOOS (1941) auf. Beobachtet wurden Zweiglimmergneise, Muskovitgneise und dichte, schiefrige, z. T. granatführende Gneise. Der Tuffit ist an der Grenze Tuffit/Phonolith sehr hart und splittrig, was als Zeichen für eine kontaktmetamorphe Beeinflussung durch den Phonolith gedeutet werden kann.

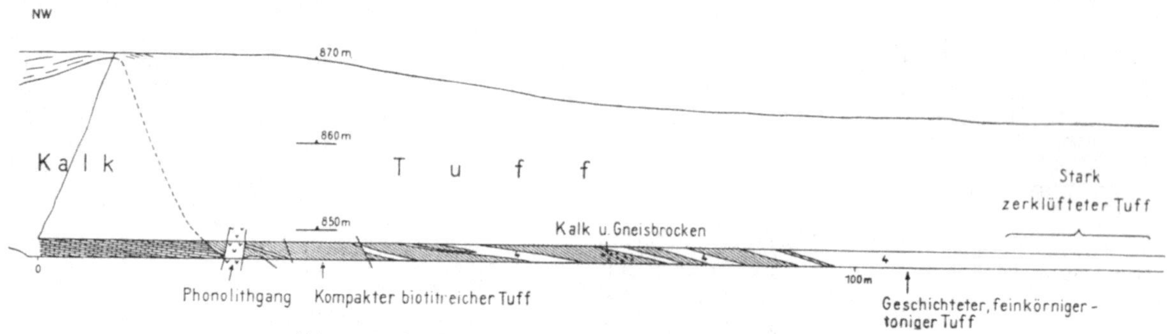

Abb. 8. Tuffprofil im Entwässerungsstollen des Kalkbruches II

Der kompakte Tuff im Entwässerungsstollen ist als am Ort verfestigter Tuff anzusehen, während der feinschichtige Tuff zumindest in seinen hangenden Lagen umgelagert sein dürfte. Bei dem Tuffit im Steinbruch Richter dürfte es sich dagegen um Reste einer Schlotbrekzie handeln, worauf Zusammensetzung und Ausbildung der kristallinen Schiefer hindeuten.

III. Geophysikalische Untersuchungen

Da die geologischen Ergebnisse keine sicheren Schlüsse über die Verbindung der einzelnen Phonolithkörper zulassen, wurde eine erdmagnetische ΔZ-Übersichtsvermessung durchgeführt (mittlerer Punktabstand: 25 m bei sternförmiger Profillage).

Die Suszeptibilitäten der magnetisch wirksamen Gesteine sind unterschiedlich (Tuffe: 200 bis $1300 \cdot 10^{-6}$ elm. CGS; Phonolithe: 1700 bis $2400 \cdot 10^{-6}$ elm. CGS). Daher dürften sich im magnetischen Bild die Phonolithe unter einer geringmächtigen Tuffbedeckung noch deutlich abheben.

Die ΔZ-Isanomalenkarte läßt eine kreisförmige Anomalienanordnung erkennen. (Abb. 9.) Den Kern bildet ein großes durch Phonolith hervorgerufenes Maximum, das in den Teilanomalien A und B die höchsten Störwerte aufweist. Nach NW fallen die Störwerte rasch ab, was auf eine zunehmende Tuffbedeckung hindeutet.

Flankiert wird das Kernmaximum von den Minima I und III, an die sich eine Maximazone mit den Maxima C und D anschließt. (Östlich des Kalkbruches II scheint sich ebenfalls eine derartige Anomalie herauszuheben, die infolge Bebauung jedoch nicht ausgemessen werden konnte.) Die Anomalie C wird ebenfalls vom Phonolith hervorgerufen, der durch einen Stollen im Gangrevier Niederschlag—Bärenstein unter der Anomalie C, der Minimazone III und dem Rand der Kernanomalie nachgewiesen wurde. Für die Anomalie D dürfte die gleiche Deutung zutreffen. Die Phonolithe der Maxima C und D sind durch Tuffe verdeckt.

An die positive Zone schließt sich noch eine Minimazone an, in der das Maximum E auftritt, das mit dem Phonolith auf Höhe 890 identisch ist. Die innere 0γ-Isanomale der äußeren Minimazone bildet etwa die Grenze Gneis bzw. Kalk/Tuff ab. Der Tuff überdeckt teilweise noch den Phonolith, wie aus dem Isanomalenbild der Kernanomalie erkennbar ist.

Die magnetische Karte bildet also den Schlotumriß des Vulkans ab (Teilanomalien A, B, C), während außerhalb desselben unter Tuffbedeckung ein bisher unbekannter Körper (Anomalie D) nachgewiesen und die Lage des Phonoliths auf Höhe 890 genau fixiert wurde.

Die Tuffe können gegen ihre Umgebung mehr oder weniger abgegrenzt werden.

Zur Klärung der Frage, weshalb die Schlotanomalie durch das Minimum III getrennt wird, wurden geoelektrische Tiefensondierungen (Anordnung nach WENNER) durchgeführt, die gemessenen Kurven zu Kurventypen zusammengefaßt und ihre Lage zur Magnetik dargestellt (Abb. 10 und 11).

Die Auswertung der Kurventypen nach Schichtgrenzen und deren Vergleich mit geologischen Beobachtungen ergibt:

Typ 1: feinschichtiger, toniger Tuff, mehr als 25—30 m mächtig
Typ 2: desgl., 10—20 m mächtig über Phonolith
Typ 3: hochohmiger Tuff, eventuell vergleichbar mit dem Tuffit des Steinbruches Richter, mehr als 25—30 m mächtig
Typ 4: desgl., 8—12 m mächtig über Phonolith
Typ 5: desgl., bis 3 m mächtig über Phonolith
Typ 6: nur Phonolith

Die Verteilung der Kurventypen in Abb. 11 zeigt, daß der um den Phonolith befindliche Tuffgürtel seine größte Mächtigkeit nordwestlich des Schlotes hat und sein petrographischer Aufbau dem des Tuffes im Entwässerungsstollen des Kalkbruches II entspricht. Die

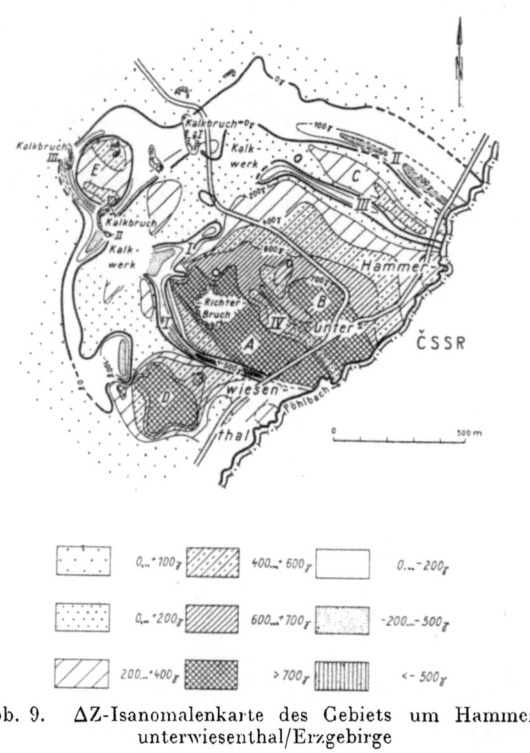

Abb. 9. ΔZ-Isanomalenkarte des Gebiets um Hammerunterwiesenthal/Erzgebirge

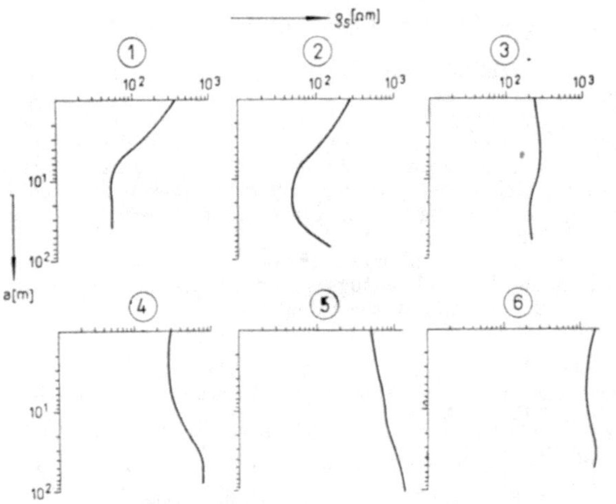

Abb. 10. Kurventypen geoelektrischer Tiefensondierungen

Phonolithe der Anomalien C und D haben 10—20 m Tuffbedeckung. Von der Anomalie C nach SW nimmt die Bedeckung rasch zu (Typ 3, Abb. 10), wobei sich auch der petrographische Charakter der Phonolithe ändert. Nach Überschreiten des Minimums III nimmt die Tuffbedeckung ab. Das Minimum III ist also als induktives Minimum an der Grenze zweier Gesteine mit verschiedener Suszeptibilität aufzufassen. Das gleiche gilt für die Minima I und II. Auf dem Phonolith ist der Tuff nur als z. T. dünne Decke erhalten, nach NW nimmt die Mächtigkeit zu (vgl. Typ 3—5, Abb. 10).

IV. Der Ablauf der vulkanischen Ereignisse

Der Vulkanismus begann mit einer Erweiterung der Aufstiegswege und Zertrümmerung des Daches. Die Dachgesteine wurden „tuffisiert" und in das Tuffgemisch aufgenommen. In Verbindung mit der extrusiven Tufftätigkeit führte das zur Bildung einer Schlotbrekzie, wie sie in Resten auf dem Phonolith noch heute vorliegt (vgl. Tuffit im Steinbruch Richter und geoelektrischer Kurventyp 3—5, Abb. 10).

Die ausgeworfenen Tuffe bedeckten die nähere Umgebung von Hammerunterwiesenthal in der im Entwässerungsstollen (Abb. 8) beschriebenen Ausbildung. Die flache Lagerung der feinschichtigen Tuffe und das Zurücktreten der kompakten Tufflagen nach dem Hangenden (s. Abb. 8) deutet an, daß der Förderkanal zugeschüttet wurde. Die heutigen Tuffaufschlüsse liegen alle in einem Niveau von 840—870 m. Ein Vergleich mit der heutigen Morphologie zeigt, daß die Tuffe einen Kessel von mindestens 1,5 km Durchmesser ausgefüllt haben (Abb. 12). Störungen im Tuffit des Entwässerungsstollens im Kalkbruch II, an denen Absenkungen stattfanden, weisen auf Nachsacken schlotnaher Partien hin.

An die Tufförderung schließt sich die Intrusion der Phonolithe an. Die petrographische Ähnlichkeit des Tuffits mit dem Phonolith in den Gängen des Gangreviers Niederschlag—Bärenstein läßt vermuten, daß beide der gleichen Intrusion angehören.

Durch die aufdringende Phonolithschmelze im Schlot wurden die Schlotbrekzie und darüberliegende umgelagerte Tuffe emporgedrückt, schlotnahe Teile des Tuffes intensiv zerklüftet (s. Abb. 8).

Chemische und petrographische Unterschiede in der Phonolithausbildung (shonkinitische und trachytoide

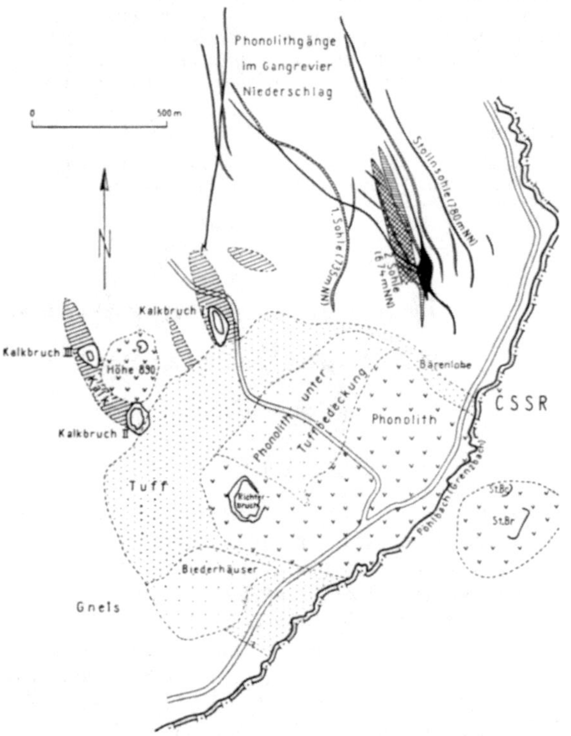

Abb. 12. Der Phonolithstock von Hammerunterwiesenthal/ Erzgebirge

Phonolithe), wie sie bereits von HERRE (1930) beschrieben wurden, sind Hinweise für eine stark differenzierte Schlotfüllung.

Den Abschluß der magmatischen Tätigkeit bilden wahrscheinlich die Ganggesteine im Steinbruch Richter.

Außerhalb des Schlotes drang im Gneis der Phonolith der Höhe 890 und der magnetischen Anomalie D auf. Ob letzterer noch zum Schlot gehört oder nicht, war nicht feststellbar, da infolge Bebauung im SE der Anomalie D magnetische Messungen nicht durchgeführt werden können.

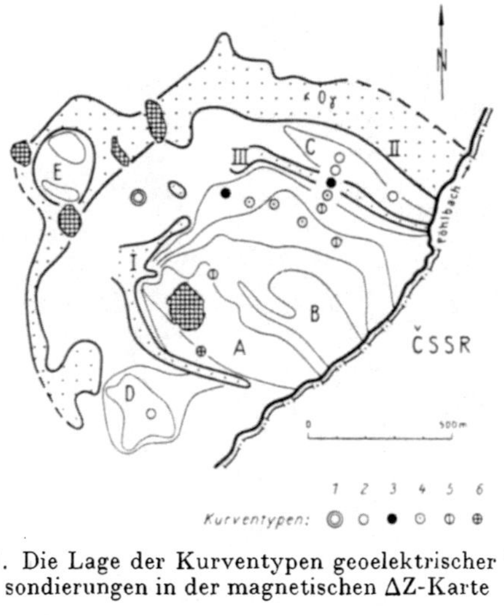

Abb. 11. Die Lage der Kurventypen geoelektrischer Tiefensondierungen in der magnetischen ΔZ-Karte

Zusammenfassung

Verf. untersuchte den Ablauf der vulkanischen Tätigkeit am Phonolithstock von Hammerunterwiesenthal, einem der größten Tertiärvulkane im Sächsischen Erzgebirge.

Der Phonolithintrusion ging eine rege Tufförderung voraus. Es wurden mehrere Tuffe unterschieden. Die anschließend aufsteigende Phonolithschmelze ist wahrscheinlich unter dem geförderten Tuff als Quellkuppe erstarrt. Petrographische Unterschiede lassen eine differenzierte Schlotfüllung erkennen. Neben dem Phonolith wurden verschiedene Ganggesteine beschrieben. Zur Abgrenzung des Phonoliths gegen seine Umgebung wurde eine erdmagnetische ΔZ-Vermessung des Untersuchungsgebietes durchgeführt, die eine Festlegung des Schlotumrisses erlaubt. Geoelektrische Tiefensondierungen lassen Rückschlüsse auf die Mächtigkeit und Verbreitung der Tuffe zu.

Резюме

Автор исследовал последовательность вулканической деятельности на фонолитовом штоке около Гаммерунтервизенталь, являющемся одним из крупнейших третичных вулканов Саксонских Рудных Гор.

Фонолитовой интрузии предшествовал оживленный вынос туфа. Выделено несколько туфов. Восходящий после туфов фонолитовый сплав вероятно затвердел под выносимым туфом в виде куппы. Петрографические различия позволяют обнаружить дифференцированное заполнение трубки. Кроме фонолита описываются различные дайковые породы. С целью ограничения фонолита от вмещающих пород проводилась наземная съемка Δ Z исследуемой области, позволяющая оконтуривание трубки. Геоэлектрические глубинные зондирования позволяют выводы о мощности и распространении туфов.

Summary

The process of the volcanic activity of the phonolithic body of Hammerunterwiesenthal, one of the largest Tertiary volcanoes in the Saxon Erzgebirge, was investigated by the author.

The phonolithic intrusion was preceded by an intense emission of tufa, several types of which can be distinguished. The rising phonolithic melt following the extrusion has probably become solid as an intrusive dome under the tufa emitted. Petrographic differences show a differentiated chimney filling. In addition to phonolite several dike rocks are described. A magnetic ΔZ survey of the area investigated permitting a fixation of the chimney contour was carried out to demarcate the phonolite from its surroundings. Geoelectric depth soundings suggest conclusions regarding thickness and extension of the tufas.

Literatur

BRINKMANN, R.: Korn- und Gefügeregelung in Vulkaniten. – Geol. Rdsch., Bd. 46, H. 2 (1957).
CLOOS, H.: Hebung – Spaltung – Vulkanismus. – Geol. Rdsch., Bd. 30, Zw.-H. 4a (1939).
– Bau und Tätigkeit von Tuffschloten. – Geol. Rdsch., Bd. 32, H. 6–8 (1941).
HERRE, R.: Petrographische und chemische Untersuchungen junger Eruptivgesteine in der Umgebung von Oberwiesenthal/Erzgebirge. – Chemie der Erde, Bd. 4 (1930).
PESCHEL, G.: Untersuchungen über die Beziehungen zwischen den Suszeptibilitäten von Gesteinshandstücken und den Ablenkungswerten an der Feldwaage. – Arch. VEB Geophysik, Leipzig 1958.
REINISCH, R.: Erl. z. Geol. Karte Blatt Wiesenthal-Weipert (Nr. 147/148). – II. Aufl., Leipzig 1917.
ROST, M.: Geologie des Kristallinen Grundgebirges zwischen Keilberg und Klösterle. – Abh. sächs. geol. Landesanst., H. 7, Leipzig 1928.
SCHULZ, H.: Lagerstättengenetische und tektonische Bearbeitung der Schwerspat-Flußspatgrube von Niederschlag – Bärenstein/Erzgebirge. – Dipl.-Arbeit, Bergakademie Freiberg, 1958 (unveröff.).
WOCKE, M. F.: Untersuchungen über den Bau von schlesischen Basaltvulkanen. – Z. Vulk., Bd. 10 (1926–1927).

Die Abbildung des Reliefs der Oberkreide bei geringmächtiger Bedeckung in refraktionsseismischen Meßergebnissen

Mitteilung aus dem VEB Geophysik

SIEGFRIED GROSSE, Leipzig

Die Ergebnisse von refraktionsseismischen Übersichtsmessungen werden meist in Form von Laufzeitplänen dargestellt. Es gelangt damit eine physikalische Beobachtungsgröße zur Darstellung, die praktisch frei von subjektiven Einflüssen ist. Die Laufzeit über eine bestimmte Grundentfernung ist eine zusammengesetzte Größe, die von den vorliegenden Teufen- und Geschwindigkeitsverhältnissen des Untergrundes beeinflußt wird. Die örtliche Variation der Teufe oder der Geschwindigkeit bzw. beider Größen gemeinsam führt im allgemeinen zur Änderung der Laufzeit und damit zur Indikation der veränderten Lagerung.

Die Anwendung der refraktionsseismischen Methode und die Darstellung der Meßergebnisse in Laufzeitplänen hat bei der Erkundung der Beschaffenheit des von Tertiär und Pleistozän verhüllten Untergrundes Norddeutschlands große Erfolge gebracht.

Im Gebiet der Deutschen Demokratischen Republik ist die refraktionsseismische Aufnahme der Strukturen nördlich der Mitteldeutschen Hauptlinie vollendet. Im wesentlichen wurde die Methode der Laufzeitbeobachtung über 4 km Grundentfernung angewandt (THOMAS 1960). Das Relief und die geologische Beschaffenheit des Untergrundes spiegeln sich dabei in Laufzeitvariationen zwischen 1,0 bis 2,0 s wider. Unabhängig von der Deutung der einzelnen Anomalien bietet der 4-km-Laufzeitplan für den norddeutschen Raum eine relativ billige und übersichtliche Möglichkeit der Bestandsaufnahme der Strukturen des Untergrundes.

Gegen Ende der refraktionsseismischen Übersichtsmessungen traten jedoch im nordöstlichen Gebiet der Deutschen Demokratischen Republik Verhältnisse auf, die Anlaß gaben, die Aussagekraft des 4-km-Laufzeitplanes für diesen Bereich prinzipiell in Zweifel zu ziehen.

Abb. 1. Refraktionsseismischer 4-km-Laufzeitplan des Meßgebietes Friedland

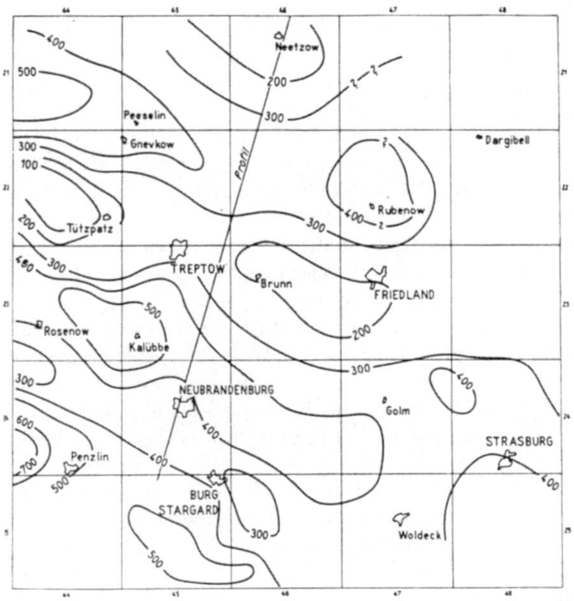

Abb. 2. Teufenplan der Tertiärbasis des Meßgebietes Friedland

Die besonderen geologischen und petrophysikalischen Verhältnisse dieses Gebietes, das im Westen etwa von Demmin bis südlich von Neubrandenburg und im Osten vom Oderhaff bis Angermünde reicht, sollen an Hand der Ergebnisse des Meßgebietes Friedland (GROSSE 1959) beschrieben werden. Zahlreiche Linienbeobachtungen gestatten eine eingehende Analyse der vorliegenden Verhältnisse.

Die refraktionsseismischen Ergebnisse des Gebietes Friedland zeigen, daß der 4-km-Laufzeitplan (Abb. 1) gegenüber der tatsächlich vorhandenen Gliederung des Untergrundes in Hoch- und Tieflagen (s. Teufenplan, Abb. 2) eine auffallend geringe und im Einzelfalle irreführende Differentiation aufweist. Besonders deutlich kommt das in einer früheren refraktionsseismischen Vermessung NE-Mecklenburgs (RISCHE 1954, 1956) zum Ausdruck, die zum größten Teil aus 4-km-Streuern bestand. Bei dieser Vermessung war es nicht möglich, die mit einer kräftigen gravimetrischen Anomalie (SIEMENS 1953) verbundene Struktur Neetzow (Meßtischblatt 2146) im 4-km-Laufzeitplan zu erkennen. Besondere Bedeutung gewinnt diese Tatsache dadurch, daß offenbar in allen Teilen des Gebietes die Tertiärbasis von Oberkreide gebildet wird, die bei Treptow in 230 m Teufe erbohrt wurde, d. h., daß normalerweise günstige Voraussetzungen für die Abbildung des Reliefs ein und desselben Horizontes als Laufzeitvariationen gegeben sind. Die mit großer Wahrscheinlichkeit zugrunde liegende Tatsache, daß Oberkreide das Prätertiär, sowohl in den Hoch- als auch in den Tieflagen, bildet, erklärt jedoch die mangelhafte Abbildung der Strukturen im 4-km- und teilweise auch im 2-km-Laufzeitplan (Abb. 3).

Es ist bekannt, daß die Oberkreide in mergeliger Ausbildung je nach Tiefenlage mit sehr unterschiedlichen seismischen Geschwindigkeiten verbunden ist. Im Gebiet Friedland wechseln die Geschwindigkeiten an der Tertiärbasis von 2300 bis 4000 m/s, ohne daß Anzeichen dafür vorliegen, daß verschiedene Schichten in den Bereich der Tertiärbasis treten. Der Geschwindigkeitswechsel ist deutlich tiefenabhängig, indem in den Muldengebieten die höchsten, in den Hochlagen die niedrigsten Geschwindigkeiten auftreten. Auch wenn unterschiedliche Horizonte (z. B. der Ober- und Unterkreide) die Tertiärbasis bilden sollten, müssen diese dem seismischen Befund entsprechen, indem mit zunehmender Tiefenlage der Tertiärbasis jeweils höhere Geschwindigkeiten im Prätertiär auftreten.

Dieser Effekt ist verantwortlich für das grundsätzliche Versagen des 4-km-Laufzeitplanes zur Darstellung der Strukturen des Untergrundes in diesem Gebiet. Die durch den Teufenunterschied an verschiedenen Stellen hervorgerufene Laufzeitveränderung wird durch den entgegengesetzt wirkenden Geschwindigkeitswechsel bis zur Laufzeit über 4 km ungefähr wieder kompensiert, so daß trotz des Teufenunterschieds keine differenzierte Laufzeit zustande kommt.

In Abb. 4 entspricht die Laufzeitkurve a einer Linienbeobachtung im Muldengebiet Kalübbe, die Laufzeitkurve b einer Linienbeobachtung in mittlerer Lage bei der Tiefbohrung Treptow—Molkerei und die Laufzeitkurve c einer solchen im Bereich der Hochlage Neetzow. Knickpunktentfernung, Geschwindigkeit und errechnete Teufe der zweiten Schicht nehmen ab, während die 4-km-Laufzeit keine entsprechende Laufzeitvariation zeigt, was durch das obenangegebene Geschwindigkeitsverhalten der Oberkreide in verschiedener Teufenlage bedingt ist. Hinzu kommt, daß in den Hochlagen keine wesentliche Geschwindigkeitszunahme innerhalb der Oberkreideschichten beobachtet werden kann. Es tritt jeweils die Geschwindigkeit auf, die der Tiefenlage der Oberkante entspricht, ohne daß im Schichtpaket selbst eine nennenswerte Geschwindigkeitszunahme mit der Tiefe festgestellt werden kann.

Die 4-km-Laufzeit scheidet damit zur Darstellung des tatsächlich vorhandenen Reliefs der unter relativ geringer tertiärer und pleistozäner Bedeckung liegenden Oberkreide aus.

Da in der refraktionsseismischen Übersichtsmessung die Darstellung einer „reinen Meßgröße“ unabhängig von subjektiven Einflüssen ausgesetzten Berechnungen angestrebt wird, ist es angebracht, andere, auf kleinerer Grundentfernung beruhende, oder allgemein modifizierte Laufzeitdarstellungen zu wählen.

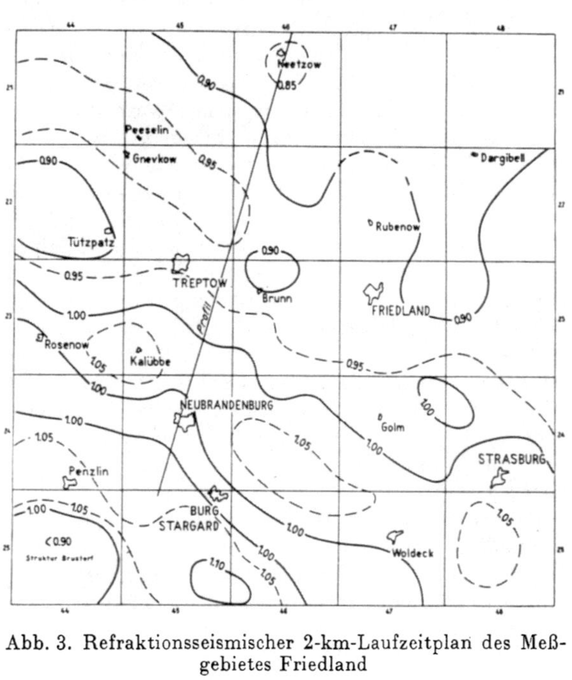

Abb. 3. Refraktionsseismischer 2-km-Laufzeitplan des Meßgebietes Friedland

Der 2-km-Laufzeitplan (Abb. 3) zeigt ein wesentlich differenzierteres Bild als der 4-km-Laufzeitplan, da bei den im Meßgebiet Friedland vorherrschenden Teufen des Prätertiärs die Knickpunkte in den Laufzeitkurven wenig unterhalb 2 km liegen. Die 2-km-Laufzeit wird infolgedessen im wesentlichen aus der Laufzeit der Stoßstrahlen Oberfläche—Prätertiär—Oberfläche gebildet und nur in geringem Maße von der seismischen Geschwindigkeit des Prätertiärs beeinflußt. Dadurch kann die tiefenabhängige Geschwindigkeitsvariation keine Kompensation der Laufzeit herbeiführen.

Die Verhältnisse ändern sich sofort, wenn die Tertiärbasis weiter ansteigt, wie dies im Norden des Meßgebietes Friedland der Fall ist.

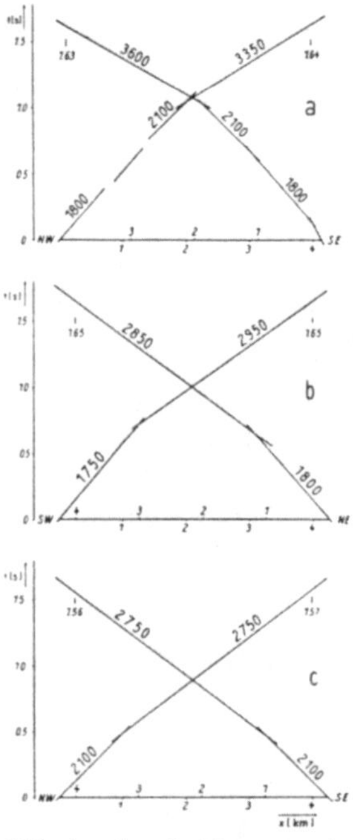

Abb. 4. Laufzeitkurven des Meßgebietes Friedland
a — Muldengebiet Kalübbe,
b — mittlere Lage (TB Treptow Molkerei),
c — Hochlage Neetzow

Die für das Prätertiär maßgebende Knickpunktentfernung geht zurück und bietet so dem Einfluß der Geschwindigkeit der zweiten Schicht auf die 2-km-Laufzeit größeren Raum. Es entsteht damit die gleiche Kompensation von tiefenbedingten Laufzeitunterschieden durch tiefenabhängige Geschwindigkeitsänderung in der zweiten Schicht wie im 4-km-Laufzeitplan.

Der Effekt ist am Beispiel der Hochlage Neetzow deutlich zu beobachten. Der 4-km-Laufzeitplan ist vollkommen kompensiert und zeigt keinerlei Anzeichen einer strukturellen Hochlage des Prätertiärs. Im 2-km-Plan erscheint dagegen noch eine schwache Anomalie, die aber in ihrer Amplitude in keiner Weise den verursachenden geologischen Bedingungen entspricht. Es ist also unter den geschilderten Bedingungen sowohl der 4-km- als auch der 2-km-Laufzeitplan zur Darstellung der Struktur des Untergrundes nicht oder nur teilweise geeignet.

Auf Grund der Kompensationswirkung der variablen v_2-Geschwindigkeit empfiehlt es sich, von der absoluten zur relativen Zeitbetrachtung überzugehen. Eine Möglichkeit dieser „Zeitdarstellung" ist die der Intercept-Zeit — einer Größe, die in der Literatur trotz einiger Rechenoperationen als „Beobachtungswert" bezeichnet wird. Es handelt sich dabei um die Laufzeit über eine bestimmte Entfernung, von der die errechnete Laufzeit über die Grundentfernung mit der v_2-Geschwindigkeit abgezogen wird.

Da der Einfluß der v_2-Geschwindigkeit auf die Gesamtlaufzeit berücksichtigt wird, kann diese keine Kompensation der betrachteten Laufzeit infolge ihrer teufenabhängigen Variation mehr herbeiführen. Das Relief des Prätertiärs muß sich in entsprechenden Laufzeitunterschieden abbilden.

Obwohl mit Berücksichtigung der v_2-Geschwindigkeit ein erster Schritt zur Tiefenberechnung getan ist, unterscheidet sich der Intercept-Zeitplan von dem Teufenplan, indem die sehr starker subjektiver Einflußnahme ausgesetzten Größen „Geschwindigkeit bis zur Tertiärbasis" und „Knickpunktentfernung" als Unbekannte in der Zeitdarstellung verbleiben und damit der Charakter der rein qualitativen Abbildung des Untergrundes in Laufzeitunterschieden erhalten bleibt.

Für die Wahl der v_2-Geschwindigkeit kam jeweils der Geschwindigkeitsast in Frage, der auf Grund der Geschwindigkeit eindeutig das Prätertiär repräsentiert und über mehrere Kilometer hinweg beobachtet werden kann. Letzteres gilt besonders für jene Laufzeitkurven, bei denen im Bereich des Knickpunktes über sehr kurze Strecken unsichere Übergangsgeschwindigkeiten beobachtet werden können, die oft aber im Rückschuß keine Bestätigung finden. Unserer Meinung nach handelt es sich in diesen Fällen um eine allgemeine Geschwindigkeitszunahme in der Oberkreide, die in den einzelnen Laufzeitkurven je nach Tiefenlage mehr oder weniger gut feststellbar ist.

Für Tiefenberechnungen der Tertiärbasis ist natürlich die erste prätertiäre Geschwindigkeit maßgebend, für Zeitbetrachtungen dagegen weniger, da die relativ geringmächtige Übergangszone einen kleinen Beitrag zur Laufzeit über eine Gesamtentfernung von 4 km liefert. Aus diesen Gründen bildet die Intercept-Zeit doch eine wesentliche Ergänzung zu dem aus gleichen Gründen recht unsicheren Teufenplan.

Der Vergleich des Intercept-Zeitplanes (Abb. 5) mit dem Teufenplan zeigt, daß beide Bilder sehr ähnlich sind. Der Intercept-Zeitplan ist so stark gegliedert, wie dies dem vorhandenen Relief des Prätertiärs entspricht. Die Hochlagen Neetzow, Dargibell, Tützpatz, Brunn und Neubrandenburg treten als Kurzzeitengebiete aus den dazwischen gelegenen Langzeitengebieten der Tieflagen hervor. Dabei entspricht die Amplitude der Zeitvariationen dem Grad der Heraushebung der Strukturen.

Es ist damit die Möglichkeit gegeben, auch in den extremen Hochlagen der Oberkreide eine „Laufzeit" zur Darstellung des Aufbaus des Untergrundes zu wählen.

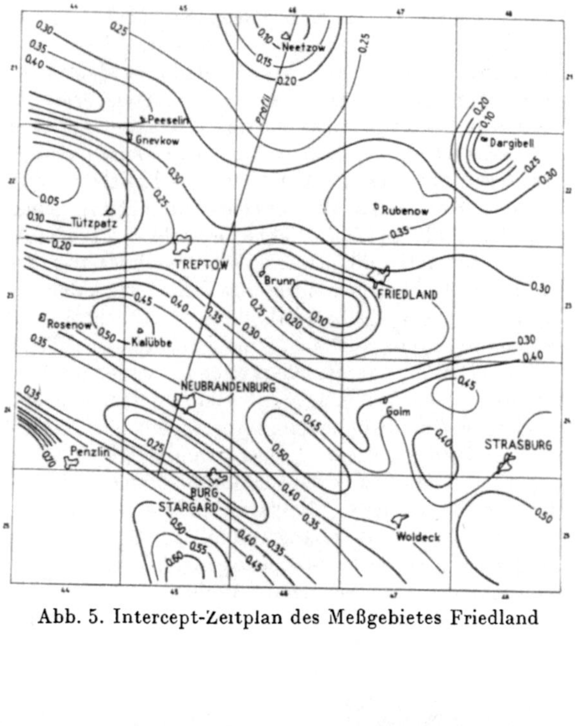

Abb. 5. Intercept-Zeitplan des Meßgebietes Friedland

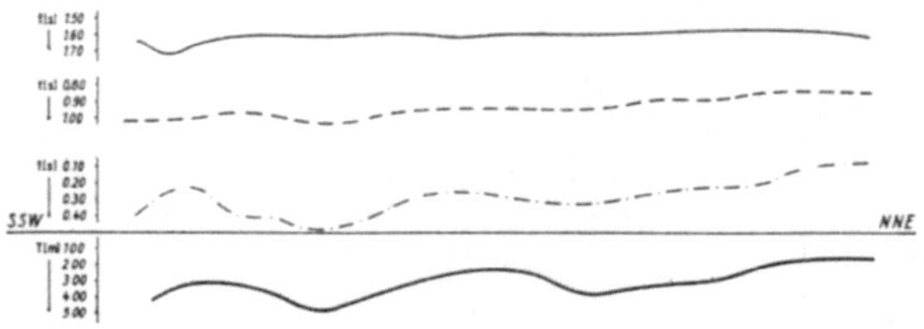

Abb. 6. Teufen- und Laufzeitprofil Neubrandenburg—Neetzow
——— 4-km-Laufzeit, – – – – 2-km-Laufzeit,
–·–·–·– Intercept-Zeit, ——— Teufe der Tertiärbasis

Aus Abb. 6 ist an Hand eines von Neubrandenburg nach Neetzow verlaufenden Profiles ersichtlich, wie sich die Abbildung des Untergrundes als Laufzeitvariationen vom 4-km-Plan über den 2-km-Plan bis zum Intercept-Zeitplan verbessert.

Sowohl der 2-km-Laufzeitplan als auch der Intercept-Zeitplan sind infolgedessen brauchbare Hilfsmittel zur Interpretation refraktionsseismischer Meßergebnisse in Gebieten allgemeiner Hochlage mergeliger Oberkreide.

Zusammenfassung

Der refraktionsseismische 4-km-Laufzeitplan zeigt im NE der Deutschen Demokratischen Republik ungenügende Differentation gegenüber starken Teufenschwankungen der Oberkreide unter tertiärer und pleistozäner Bedeckung. Ursache dafür ist die Tiefenabhängigkeit der seismischen Geschwindigkeit der Oberkreide in mergeliger Ausbildung. Es wird untersucht, in welchen Fällen der 2-km-Laufzeitplan die geologischen Verhältnisse widerspiegelt. Bei Teufen der Oberkreide kleiner als 200 m läßt das Auflösungsvermögen des 2-km-Laufzeitplanes so stark nach, daß nach Möglichkeiten der Darstellung einer anderen Beobachtungsgröße gesucht werden muß. Die Intercept-Zeit erfüllt die gestellten Anforderungen. Die Amplitude der Zeitvariation ist dem Relief des Prätertiärs proportional.

Резюме

Рефракционно-сейсмический 4-км-годограф обнаруживает в северо-восточной ГДР недостаточную степень расшифровки при сильных колебаниях поверхности верхнего мела под третичным и плейстоценовым чехлом. Причиной является зависимость от глубины сейсмической скорости верхнего мела, наблюдаемого в мергелистом развитии. Обсуждается, в каких случаях 2-км-годограф отображает геологические условия. При глубине поверхности верхнего мела меньше 200 м степень расшифровки 2-км-годографа так сильно ухудшается, что надо искать другой величины наблюдения. Ярус интерцепта удовлетворяет предъявленным требованиям. Амплитуда вариации во времени пропорциональна рельефу дотретичной поверхности.

Summary

In the north-eastern part of the German Democratic Republic the refraction seismic 4 km travel-time chart shows insufficient differentiation towards depth changes of the Upper Cretaceous under Tertiary and Pleistocene cover. Its cause is the depth dependence of the seismic velocity of marly Upper Cretaceous. It is discussed in which cases the 2 km travel-time chart will show the geological conditions in a more satisfactory way. If the depth of the Upper Cretaceous is less than 200 metres, the 2 km travel-time graph gives so weak indications that possibilities must be found to demonstrate observation data different from ordinary travel-times. The intercept time complies with the requirements claimed. The amplitude of time variation is proportional to the Pretertiary relief.

Literatur

GROSSE, S.: Abschlußbericht über refraktionsseismische Untersuchungen im Gebiet Friedland. — Arch. VEB Geophysik, Leipzig 1959 (unveröff.).

RISCHE, H.: Abschlußbericht über refraktionsseismische Untersuchungen im Gebiet NE-Mecklenburg. — Arch. VEB Geophysik, Leipzig 1954 (unveröff.).

— Ein erweitertes Auswerteverfahren für refraktionsseismische Übersichtsmessungen. — Gerl. Beiträge zur Geophysik, 65, S. 163—167, Leipzig 1956.

SIEMENS, G.: Die Schwerekarte der DDR. — Freib. Forsch.-H., C 7, 1953.

THOMAS, E.: Strukturelemente im Norden der Deutschen Demokratischen Republik nach den Ergebnissen seismischer Refraktionsmessungen. — Int. Geol. Congress, Kopenhagen 1960, Part II, S. 189—199.

Weiterentwicklung des Rechenschiebers für die Auswertung geoelektrischer Messungen

FRITZ ROESCHMANN, Berlin

In Heft 1, 1960, dieser Zeitschrift wurde bereits ein Rechenschieber für die Auswertung geoelektrischer Messungen beschrieben. Es soll noch einmal kurz auf die wichtigsten Eigenschaften dieses Rechenschiebers hingewiesen werden. Auf seiner Zunge, die auswechselbar ist, sind die Werte für die Stromstärke und die auf die Elektrodenentfernung bezogenen Faktoren, wie sie durch die verwendete Elektrodenanordnung bedingt sind, angebracht. Über den Werten, die der Elektrodenentfernung entsprechen, ist der Wert für den scheinbaren spezifischen Widerstand abzulesen.

Da der Rechenschieber über sechs logarithmische Einheiten verfügt, ist es möglich, stellenwertrichtige Ergebnisse zu erzielen. Es wurde schon seinerzeit erwähnt, daß die Aneinanderfügung von sechs logarithmischen Einheiten von beispielsweise zwölfeinhalb Zentimeter Länge eine Gesamtlänge von fünfundsiebzig Zentimetern ergibt. Damals wurde vorgeschlagen, einen Kreisrechenschieber zu verwenden, um eine handlichere Größe zu erreichen. Schwierig würde es sein, die innere Skala auszuwechseln, außerdem würden sich die Herstellungskosten beträchtlich erhöhen.

Es wird daher ein neuer Weg beschritten. Sieben logarithmische Einheiten werden in zwanzig Millimeter Abstand untereinander angeordnet. Wendet man diese Anordnung an, so ist es möglich, die Länge der einzelnen logarithmischen Einheiten zu verdoppeln. Sie werden also fünfundzwanzig Zentimeter lang. Diese Länge entspricht derjenigen, die die untere Teilung eines Normalrechenschiebers aufweist. Die Genauigkeit wird dadurch der anderen Anordnung gegenüber noch erhöht. Aus dem einfachen Rechenschieber mit sieben hintereinander angeordneten logarithmischen Einheiten wird ein Vielfach-Rechenschieber mit sieben untereinander angeordneten Zungen, die starr verbunden sind.

Auch diese Lösung läßt sich noch vereinfachen, wenn man die festen Teilungen auf dem Stabkörper zu einer Skalentafel und die Zungenteilungen zu einer Zungentafel, die aus durchsichtigem Material bestehen muß, zusammenfaßt. Die Skala auf der Skalentafel enthält sieben logarithmische Teilungen von 25 cm Länge. Um die Überteilung an den Skalenenden zu vermeiden, werden jeweils Zwischenskalen eingeschoben, die die zweite Hälfte der vorhergehenden Hauptskala wiederholen und die erste Hälfte der folgenden Hauptskala vorwegnehmen.

Dadurch werden die Abstände der Skalen auf 10 mm herabgesetzt. Auf der Zungentafel läuft die erste Teilung nur von 10^{-2} bis $10^{-1,5}$, die zweite von $10^{-1,5}$ bis 10^{-1}, die dritte wieder von 10^{-1} bis $10^{-0,5}$ und die vierte von $10^{-0,5}$ bis 10^{0} usw. Die Zungentafel wird auf der Skalentafel, ähnlich wie die Zunge eines Rechenschiebers, in Nuten geführt.

Auf der Skalentafel sind die Werte der Potentialdifferenzen zwischen 1 mV und 1000 V einzustellen. Die scheinbaren spezifischen Widerstände sind ebenfalls auf der Skalentafel abzulesen, und zwar die Werte zwischen 0,1 Ohmmeter und 10000 Ohmmeter. Mit der Zungentafel können die Stromstärken beliebig zwischen 10 mA und 6 A eingestellt werden. Bei den jeweiligen Werten für den Elektrodenabstand auf der Zungentafel wird dann der scheinbare spezifische Widerstand auf der Skalentafel abgelesen. Für die verschiedenen Elektrodenanordnungen werden die entsprechenden Zungentafeln benutzt, die, entweder nach der SCHLUMBERGER-Anordnung, z. B. mit den Sondenabständen 1, 2, 5, 10, 20 m, oder nach der WENNER-Anordnung, mit den entsprechenden Werten versehen sind.

Aus Abb. 1 ist zu ersehen, wie die sieben Hauptskalen der Skalentafel mit den sieben Zwischenskalen verbunden sind. Die Bezeichnung der einzelnen Zehnerpotenzen ist ebenfalls zu erkennen. Für die SCHLUMBERGER-Anordnung ist am linken oberen Rand der jeweiligen Zungentafel als Kennzeichen der Sondenabstand angegeben.

Abb. 2 zeigt eine Zungentafel für den Sondenabstand $S_1S_2 = 2$ m. Die sich für diese Anordnung ergebenden Faktoren sind auf der Zungentafel angebracht und mit der Elektrodenentfernung bezeichnet. Abb. 3 stellt ein Ablesebeispiel mit der Zungentafel $S_1S_2 = 5$ m dar. ① bedeutet auf der Skalentafel die Potentialdifferenz $\Delta U = 2{,}8$ V, ② die Stromstärke $i = 0{,}5$ A auf dem Zungenblatt, ③ den Faktor, der der Elektrodenentfernung $E_1E_2 = 25$ m entspricht, ebenfalls auf der Zungentafel. Bei ④ wird das Ergebnis, $\rho_s = 527{,}5$ Ohmmeter (rechnerisch genau 527,52), auf der Skalentafel abgelesen. Die Arbeit verläuft also ebenso einfach wie beim Rechenschieber in der ursprünglichen Form. Ein Funktionsmodell dieses abgewandelten Rechenschiebers bestätigte das.

Die Skalentafel läßt sich in der Größe 210× 297 mm anfertigen, was dem DIN-Papierformat A 4 entspricht. In dieser Form läßt sich der Rechenschieber sogar bequem in einer Aktentasche mitführen. Die Handhabung wird gegenüber der ursprünglichen Form sehr erleichtert. Die Genauigkeit der Berechnung entspricht der, die mit einem Normalrechenschieber von 25 cm Teilungslänge zu erreichen ist, und weist den nicht zu unterschätzenden Vorteil auf, daß stellenwertrichtige Ergebnisse erzielt werden.

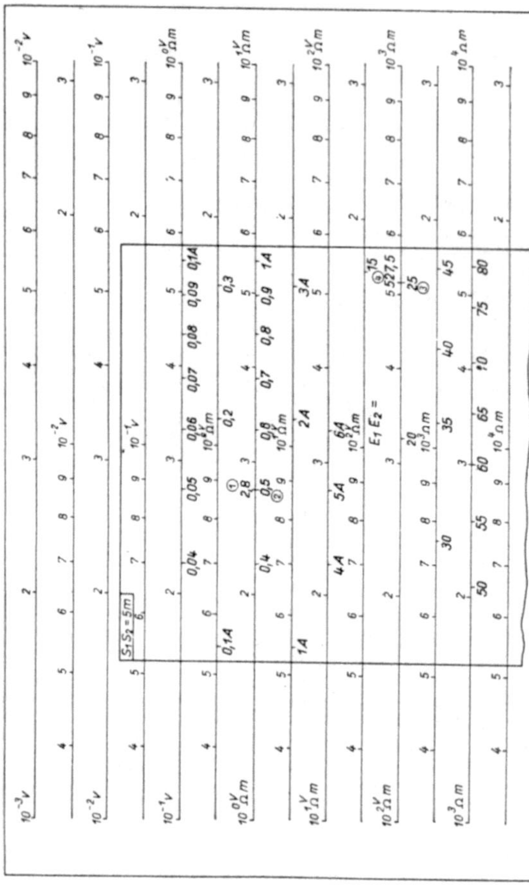

Abb. 3. Ablesebeispiel
① $\Delta V = 2{,}8$ Volt; ② $i = 0{,}5$ Amp.; ③ $E_1E_2 = 25$ m; ④ $\rho_s = 527{,}5\ \Omega$m

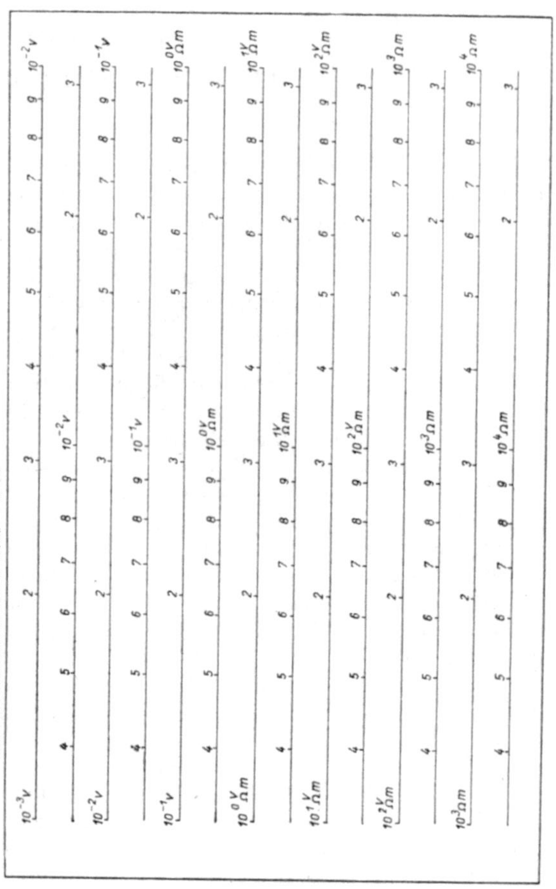

Abb. 1. Skalentafel

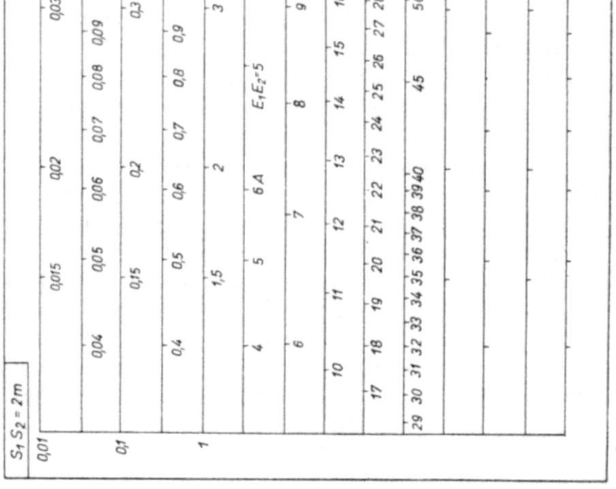

Abb. 2. Zungentafel für SCHLUMBERGER-Anordnung mit Sondenabstand $S_1S_2 = 2$ m

Zeitschrift für angewandte Geologie (1961) Heft 11

Eine beschleunigte Methode zur Bestimmung von Kalium in Mineralen[1)]

I. G. GURWITSCH & E. I. CHANAJEW, UdSSR

In einer früheren Arbeit (1956) beschrieben Verf. ein Verfahren zur flammenphotometrischen Bestimmung von Kalium in Gesteinen und Mineralen. Zur Bestimmung von Kalium mit Hilfe dieser Methode ist es erforderlich, aus der zu untersuchenden Probe die Alkalien in Form löslicher Verbindungen abzutrennen. Die Lösung wird unmittelbar nach dem Filtrieren analysiert.

Zur Überführung der Alkalien in Lösung sind zwei Methoden gebräuchlich: die Methode von SMITH (Aufschließen der Mineralprobe mit Ammoniumchlorid und Kalziumkarbonat) und die Methode von BERZELIUS („Lösen" der Probe in Flußsäure). Die Methode von BERZELIUS ist einfacher als die von SMITH und für Massenbestimmungen brauchbarer. Jedoch gehen bei der Anwendung dieser Methode fast alle Elemente des Minerals in Lösung, was die Kaliumbestimmung im Photometer erschwert und zusätzliche Arbeiten zur Entfernung der störenden Kationen erfordert (H. ZOELLNER 1956). Aus diesem Grunde wandten Verf. das Verfahren von SMITH an, da hierbei nur die Alkalien und Kalzium in Lösung gehen. Lediglich für einzelne Kontrollanalysen wurde die Probe mit Flußsäure aufgeschlossen.

Die Bearbeitung der Mineralprobe nach SMITH erfordert viel Zeit und qualifiziertes Personal, während die Bestimmung des Kaliums in der Lösung nur wenige Minuten in Anspruch nimmt. Außerdem kann das sorgfältige Verreiben der Probe vor der Analyse, ein wichtiger Arbeitsgang im SMITHschen Verfahren, bei der Analyse von Glimmern (Muskovite oder Biotite) infolge intensiver Hydration zu größeren Fehlern führen (A. I. ZWETKOW & E. P. WALJASCHICHINA 1956). Der relative Analysenfehler kann 6—7% betragen.

In der Literatur (E. MÄKINEN 1912) wird auch eine Methode des Mineralaufschlusses mit Kalziumchlorid beschrieben, die gegenüber der Methode von SMITH einige Vorzüge aufweist, besonders in bezug auf die Vollständigkeit des Aufschlusses. Aber auch hier ist ein Zerreiben des Minerals erforderlich. Ungünstig sind auch die hygroskopischen Eigenschaften des Kalziumchlorids.

Verf. arbeiteten nun eine beschleunigte Aufschlußmethode für Minerale in flüssigem Kalziumchlorid aus, die alle genannten Unzulänglichkeiten, sowohl des Verfahrens von SMITH und der Schmelzmethode mit Kalziumchlorid als auch der Methode von BERZELIUS, ausschließt.

Aufschluß von Mineralen in flüssigem Kalziumchlorid

Für diese Methode ist ein Hochfrequenzgenerator erforderlich, der ein schnelles Erhitzen der reagierenden Produkte unter außergewöhnlich reinen Bedingungen auf hohe Temperaturen ermöglicht. Den Aufbau des Gerätes zeigt Abb. 1. Zunächst muß die Probe in einem PLATTNERschen Mörser auf eine Korngröße von 0,25—0,15 mm zerkleinert werden. Eine Probenmenge von 0,2 g wird in einen Graphittiegel (I. G. GURWITSCH & E. I. CHANAJEW 1956) von 25 mm Durchmesser und 25 mm Höhe gebracht und 1,2 g wasserfreies Kalziumchlorid zugegeben. Nach 20 Minuten langem Erhitzen im Trockenschrank auf 200°, um das beim Wägen absorbierte Wasser zu verdampfen, bringt man den Tiegel in ein trockenes, einseitig geschlossenes Quarzglasrohr von 400 mm Länge. Das Rohr wird mit einem Gummistopfen (E. RAUTENBERG & E. KNIPPENBERG 1940) dicht verschlossen und in einem im Zentrum des Induktors (A. I. ZWETKOW & E. P. WALJASCHICHINA 1956) des Hochfrequenzgenerators befindlichen Kühlmantel (H. ZOELLNER 1956) mit fließendem Wasser befestigt. Verf. verwendeten für die Versuche die Hochfrequenzanlage LGS–30. Mit der vorhandenen Regulierung des Generators erhöht man die Temperatur des Tiegels allmählich auf 1500—1700°. Bei dieser Temperatur wird das Kalziumchlorid flüssig und reagiert mit der Probe. Nach der Reaktion liegen alle Alkalien als Chloride vor. Bei derart hohen Temperaturen ist die Reaktion in wenigen Minuten beendet.

Das Abschließen des Rohres mit einem Gummistopfen verhindert die Verflüchtigung der Chloride Nach Beendigung der Reaktion und nach dem Abkühlen des Tiegels füllt man in das Glasrohr 100 ml destilliertes Wasser, und der Gummistopfen wird durch einen Stopfen mit eingesetztem Glasrohr ersetzt. Danach bringt man das Quarzglasrohr in siedendes Wasser. Das vollständige Auflösen der Salze aus dem Tiegel dauert etwa drei Stunden und erfordert keinerlei Kontrolle. Nach dem Auslaugen der Schmelze filtriert man in einen Meßkolben von 500 ml Inhalt und füllt bis zur Marke mit destilliertem Wasser auf, mit dem man gleichzeitig Quarzglasrohr und Tiegel ausspült.

Die auf diese Weise erhaltene Lösung wird sofort photometriert. Beim Auswerten vergleicht man die Leuchtintensität der zu untersuchenden Probe mit den entsprechenden Intensitäten zweier Vergleichslösungen, von denen die eine etwas mehr, die andere etwas weniger Kalium als die jeweilige Probe enthält. In diesem Intervall kann die Abhängigkeit der Intensität

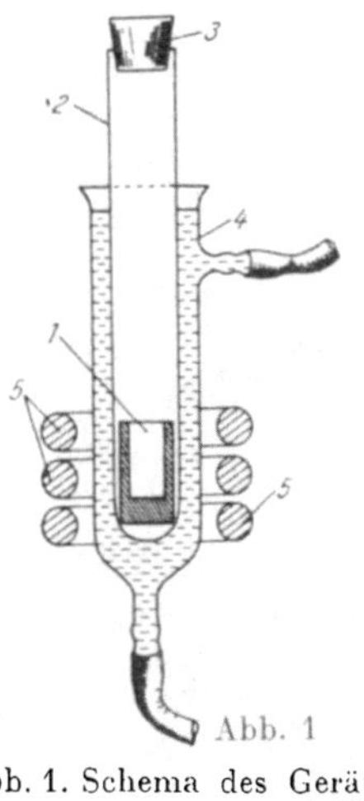

Abb. 1

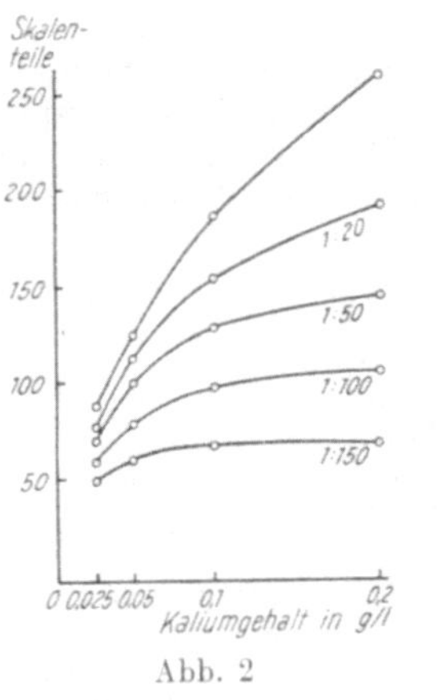

Abb. 2

Abb. 1. Schema des Gerätes zum Schmelzen der Minerale mit Kalziumchlorid

1 – Graphittiegel, 2 – Quarzglasrohr, 3 – Gummistopfen, 4 – Kühlmantel, 5 – Induktor des Hochfrequenzgenerators

Abb. 2. Einfluß großer Kalziumüberschüsse auf die Intensität der Kaliumlinien

1) Aus: Iswest. Akad. Nauk. SSSR, Ser. Geol., Nr. 4, 1957, S. 104–107 (etwas gekürzt). – Übers.: E. HARLASS

des Photostromes von der Konzentration des Kaliums als linear angesehen werden. Davon ausgehend wird die Berechnung der unbekannten Konzentration vorgenommen.

Im Verlauf der Untersuchungen traten einige Schwierigkeiten auf, deren Charakter aus Abb. 2 ersichtlich ist. Bei einem größeren Kalziumüberschuß und bei einem Kaliumgehalt von 50 mg/l und mehr sinkt die Konzentrationsempfindlichkeit der charakteristischen Spektrallinien (766,5; 769,9 Millimikron) sehr stark. Daher mußten alle Messungen bei Kaliumkonzentrationen unter 40 mg/l durchgeführt werden, was einige Vervollkommnungen in der Konstruktion des Flammenphotometers erforderte.

Unter dem Konus des Zerstäubers wurde ein Metallkügelchen befestigt, das den Strahl der zerstäubten Flüssigkeit zerteilt (s. E. RAUTENBERG & E. KNIPPENBERG 1940). Ein hinter der Flamme aus nichtrostendem Stahl angebrachter Hohlspiegel richtet das Licht der Flamme auf den Eingangsspalt des Monochromators. Außerdem wurde das Gas-Luft-Gemisch in dem Verbindungsrohr zwischen Mischer und Stabilisierungsballon erhitzt. Alle diese Maßnahmen erhöhten die Empfindlichkeit des Photometers ungefähr auf das Zehnfache.

Bei einer genügend großen Anzahl von Geräten kann mit dieser Methode eine Person täglich bis zu 20 Proben schmelzen und am nächsten Tag die erhaltenen Lösungen photometrieren. Der Prozeß geht bei Temperaturen vor sich, die höher als die Schmelztemperatur der meisten Minerale liegen. Auf diese Weise verlaufen alle Reaktionen in der flüssigen Phase, so daß ein Verreiben der Proben nicht unbedingt erforderlich ist. Das Analysenmaterial wurde nur so weit zerkleinert, daß die Bildung einer Durchschnittsprobe möglich war.

Ergebnisse

Zur Ermittlung der optimalen Bedingungen beim Schmelzen der Minerale nach dieser Methode untersuchten Verf. die Abhängigkeit der Menge des aufgeschlossenen Kaliums von der Schmelzzeit. Die Versuche wurden an Mikroklin durchgeführt (vgl. Tab. 1).

Wie aus Tab. 1 ersichtlich ist, findet bei einer Schmelzzeit von 3—4 Minuten ein vollständiger Aufschluß des Kaliums statt.

Um die Vollständigkeit des Aufschlusses in verbreiteten kaliumhaltigen Mineralen zu charakterisieren, wurden an Mikroklin, Muskovit und Biotit Serienmessungen auf Reproduzierbarkeit der erhaltenen Werte durchgeführt (s. Tab. 2).

Die Daten aus Tab. 2 beweisen die gute Reproduzierbarkeit der ermittelten Werte. In Serienmessungen, z. B. für Muskovit, übersteigt der relative Fehler nicht 0,97%.

Tab. 1. Abhängigkeit der ausgebrachten Kaliummenge von der Schmelzdauer

Zeit in min	2	3	4	5	6	7	8	10	25
Kaliumgehalt der Probe in %	9,55	9,8	9,75	9,65	9,75	9,75	9,80	9,70	9,75

Tab. 2. Reproduzierbarkeit der Kaliumbestimmung in verschiedenen Mineralien (in %)

Mineral	Nummer der Schmelze										Fehler
	I	II	III	IV	V	VI	VII	VIII	IX	X	
Mikroklin	10,60	10,60	10,65	10,70	10,65	10,80	10,65	10,70	10,70	10,65	0,48
Muskovit	8,70	8,75	8,70	8,75	8,75	8,70	8,75	8,70	8,70	8,70	0,27
Biotit	7,85	8,00	8,00	7,95	7,95	8,00	7,90	8,00	8,00	8,60	0,37

Tab. 3. Vergleich der flammenphotometrisch bestimmten Kaliumgehalte mit den auf gewöhnlichem chemischem Wege bestimmten Kaliumgehalten (in %)

Bezeichnung des Minerals und Probe-Nr.	I	II	III
	chemische Analyse	flammenphotometrisch CaCl$_2$	HF
Biotit 244	5,60	5,90	5,95
Biotit 105	7,96	8,05	8,10
Biotit 106	8,09	8,05	7,95
Biotit 107	7,53	7,95	7,90
Muskovit 250	7,77	8,05	7,95
Feldspat	10,60	10,70	10,70
Muskovit 102	8,52	8,70	8,75
Muskovit 9	8,55	8,75	8,70
Muskovit 8	7,72	8,45	8,35
Biotit 254	7,75	8,00	7,95
Muskovit 235	8,85	8,65	8,60
Glimmer 159	8,92	8,85	8,75
Glimmer 262	9,05	9,05	9,10
Glimmer 293	6,52	6,90	6,95
Glimmer 302	7,15	7,15	7,20
Muskovit 175	7,15	7,45	7,35
Muskovit 7	8,21	8,25	8,25
Mikroklin	9,42	9,95	9,85
Muskovit 255	8,42	8,95	9,00
Glimmer 261	8,53	8,65	8,70

Zur abschließenden Kontrolle der von Verf. ausgearbeiteten Methode wurden Mineralproben mit bekanntem Kaliumgehalt, der auf dem üblichen chemischen Wege ermittelt wurde, untersucht. Parallel dazu erfolgte eine flammenphotometrische Bestimmung in Lösungen durch Auflösen der Proben in einem Gemisch von Fluß- und Chlorsäure (Tab. 3).

Aus Tab. 3 ist ersichtlich, daß in allen untersuchten Mineralen die nach Schmelzen der Probe im Hochfrequenzgenerator flammen-photometrisch bestimmten Kaliumgehalte höher sind als die in den gleichen Proben auf normalem chemischem Wege bestimmten Kaliumgehalte.

Die unbedeutenden negativen Differenzen der flammenphotometrisch ermittelten Werte bei zwei Mineralen — Muskovit 235 und Glimmer 259 — sind wahrscheinlich durch das Auftreten von Rubidium in diesen Proben bedingt, das auf chemischem Wege sehr schwer von Kalium zu trennen ist.

Die Ähnlichkeit der Resultate beweist die hohe Empfindlichkeit der Flammenphotometrie unter Ausnutzung der methodischen und konstruktiven Besonderheiten des Schmelzens der Minerale mit Kalziumchlorid im Hochfrequenzofen.

Flammenphotometrische Kontrollmessungen des Kaliumgehalts von Lösungen, die man durch Lösen der Minerale in Flußsäure erhalten hatte (Tab. 3, Spalte III), beweisen gleichermaßen die Vollständigkeit des Aufschlusses mit der neuen Methode.

Die bisher durchgeführten Untersuchungen zeigten, daß diese Methode für Gesteinsanalysen angewendet werden kann.

Literatur

GURWITSCH, I. G. & E. I. CHANAJEW: Die Bestimmung von Kalium in Gesteinen und Mineralen mittels Flammenphotometrie. — Iswest. Akad. Nauk SSSR, Ser. Geol., Nr. 6, 1956.

MÄKINEN, E.: Bestimmung der Alkalien in Silikaten durch Aufschließen mittels Chlorcalzium. — Z. anorg. Chem., **74** (1912).

RAUTENBERG, E. & E. KNIPPENBERG: Kaliumbestimmung auf flammenphotometrischem Wege. — Angew. Chem., **53** (1940).

ZOELLNER, H.: Zwei Jahre Betriebserfahrung mit Flammenphotometer, Kolorimeter und Spektrometer. — Ber. Deutsch. Keram. Ges., **33**, H. 2 (1956).

ZWETKOW, A. I. & E. P. WALJASCHICHINA: Über die Hydratation und Oxydation von Glimmern. — Iswest. Akad, Nauk SSSR, Ser. Geol., Nr. 5, 1956.

Einfaches Ziehgerät für Handbohrgeräte

RICHARD KÖHLER, Berlin

Für jedes größere Bauvorhaben muß möglichst frühzeitig eine gründliche ingenieurgeologische Untersuchung des Baugeländes erfolgen. Um die Schichten, die die Baulasten aufnehmen, untersuchen zu können, müssen tiefere Schürfe oder auch Bohrungen bis zu 10 m und mehr durchgeführt werden.

Die Erkundung des Baugrundes erfolgte in den letzten Jahren überwiegend mit Handbohrgeräten (Peilstangen). Wenn die allgemeine geologische Situation eines Baugebietes bekannt ist, dürften meistens wenige tiefere Baugrund-Erkundungsbohrungen genügen, um Geräte und Arbeitskräfte nicht unnötig einzusetzen.

Im Gebiet von Groß-Berlin steht vielfach unterhalb einer verschiedenmächtigen Schicht rolliger Gesteine bindiges Material, Geschiebemergel, an. Wenn der hier im oberflächennahen Untergrund anstehende halbfeste oder feste Geschiebemergel erreicht ist, erübrigen sich meistens weitere und vor allem tiefere Erkundungsbohrungen. Auch die Feststellung der Mächtigkeit und Breitenausdehnung organischer Einlagerungen, das Auffinden von Kolken und deren Ausdehnung wird man zweifellos mit einem Handsondiergerät zweckmäßiger, schneller und billiger erreichen können. Abgesehen von Untersuchungen für spezielle Bauwerke, Maschinenfundamente mit dynamischen Beeinflussungen, Schornsteinfundamente usw., wird es somit oft genügen, wenn neben einigen tieferen Erkundungsbohrungen mit der Peilstange die obersten 4 m abgetastet werden. Auch nach Ausheben der Baugrube können die unmittelbar unterhalb der Fundamentsohle anstehenden Erdschichten durch 1 bis 2 m tiefe Handbohrungen erkundet werden. Wenn es die Beschaffenheit der Untergrundschichten erlaubt, können Peilstangenbohrungen bis zu 6 und 8 m und unter besonders günstigen Verhältnissen bis zu 10 und 12 m Teufe niedergebracht werden. Besondere Schwierigkeiten bereitet jedoch oft das Ziehen der eingeschlagenen Sonde. So reichen zuweilen schon bei einer Tiefe von 2 und 3 m zwei Arbeitskräfte nicht aus, um die Peilstange wieder herauszuziehen.

Um diese Arbeit zu erleichtern, wurde von der Firma G. RAUHUT, Maschinenbau, Berlin NO 18, Büschingstr. 8, in Zusammenarbeit mit dem Erdbaulaboratorium des Zentralen Geologischen Instituts ein einfaches, billiges und leicht transportierbares Ziehgerät entwickelt, das sich bisher bei der Erkundung des Baugrundes gut bewährt hat.[1])

Der Auflageblock des kleinen Ziehgerätes ist auf eine Holzplatte oder ein Brett (etwa 30×35 cm) montiert;

Ziehgerät für Handbohrgeräte

die Grundplatte und das Holzbrett sind mit einem Einschnitt (Nut) für die Sonde versehen. Das Gerät selbst besteht aus drei beweglichen Hebelsegmenten, einem Hebelarm und einem Druckstock mit Widerlager. Die Abb. zeigt das Ziehgerät an einer eingeschlagenen Peilstange. Durch einfaches Bewegen des Hebelarmes läßt sich ohne besonderen Kraftaufwand die Peilstange oder jedes andere beliebige Handbohrgerät gleicher Art leicht (senkrecht) und kontinuierlich aus dem Boden herausholen. Dabei greift das untere bewegliche Segment selbsttätig nach jedem Hub weiter.

Das Gewicht des Ziehgerätes ist mit etwa 5,6 kg gering, es ist einfach zu handhaben, leicht zerlegbar und läßt sich auch bequem in einem PKW mitführen. Dieses Ziehgerät eignet sich nicht nur für ingenieurgeologische Erkundungsbohrungen, sondern u. a. auch für die geologische Kartierung, bodengeologische Untersuchungen und zum Ziehen von Isotopensonden.

[1]) Durch den ehemaligen Geologischen Dienst Schwerin wurde vor einiger Zeit ein ähnlich konstruiertes Ziehgerät bekannt, das nach Ansicht des Verf. gegenüber dem hier beschriebenen einige Nachteile besitzt.

Besprechungen und Referate

Geology of Norway

Hrsg. OLAF HOLTEDAHL, Norges Geologiske Undersökelse, Nr. 208, Oslo 1960, Verlag Hos H. Aschehoug & Co. — 540 S., 184 Abb., mit Kartenmappe; 15 $

Aus Anlaß des 21. Internationalen Geologenkongresses, der 1960 in Kopenhagen für die Sektion Norden stattfand, hat eine Gruppe namhafter norwegischer Geologen und Spezialisten unter der Leitung von Prof. OLAF HOLTEDAHL die „Geology of Norway“ herausgegeben. Dieses Buch ist in englischer Sprache geschrieben und bietet somit einem umfangreichen Kreis von Lesern in aller Welt Einblick in den geologischen Aufbau dieses Landes. Thematisch und inhaltlich fußt die umfassende Veröffentlichung auf der 1953 in norwegischer Sprache erschienenen Arbeit „Norges Geologi“, die als Nr. 164 in „Norges Geologiske Undersökelse“ herausgegeben wurde. Viele Abbildungen, Skizzen, Profile und Bilder dieser Arbeit sind in die neue Publikation eingegangen. Das gilt auch für die der „Geology of Norway“ anliegenden Übersichtskarten, insbesondere die geologische und die glaziale im Maßstab 1:1000000. Beide Karten liegen heute aber in farbiger Ausführung vor und weisen gegenüber den früheren einige Korrekturen auf.

Der Inhalt des Bandes gibt einen konzentrierten und übersichtlichen Überblick unter Einbeziehung der neuesten Erkenntnisse über dieses äußerst interessante Land. Bei der Auswertung des neuesten Materials und seiner Einarbeitung in die vorliegende Publikation wirkte neben vielen anderen vor allem Prof. CHR. OFTEDAHL mit.

Die Arbeit gliedert sich in stratigraphische Abschnitte, die wiederum unterteilt sind in die wesentlichsten regionalen Bezirke des Landes, so daß über einer prinzipiellen Erörterung die lokalen Probleme nicht zu kurz kommen. Entsprechend dem Charakter dieses Buches herrschen stratigraphische, tektonische und genetische Fragen vor. Die mannigfachen Probleme der Lagerstätten werden leider nur abschließend gestreift.

Die Literaturverzeichnisse am Ende eines jeweiligen Kapitels bieten einen willkommenen, abgerundeten Überblick über die wesentlichen Veröffentlichungen auf den verschiedenen Sachgebieten. —K—

KETTNER, R.

Allgemeine Geologie, Bd. IV

VEB Deutscher Verlag der Wissenschaften, Berlin 1961. — XIII + 361 S., 215 Abb.; 34.– DM

Der Band IV beschließt die Reihe der Bücher über „Allgemeine Geologie", die KETTNER, wie er selbst sagte, eigentlich nur für den tschechoslowakischen Geologennachwuchs und für die dortigen Fachkollegen geschrieben hat. Die Übersetzung dieses Bandes ins Deutsche ist ebenso zu begrüßen wie die der vorherigen Bände. Somit liegt KETTNERS Werk komplett vor und dient auch unserem Nachwuchs und unseren Fachkollegen in gleicher Weise wie den tschechoslowakischen. Band IV setzt thematisch die Behandlung exogener Probleme fort, die bereits im Band III begonnen hatte. In der Aussprache von 1948 waren diese beiden Teile noch zu einem Buch zusammengeschlossen.

Im vorliegenden Band geht Verf. besonders auf die geologischen Kräfte des Eises und des Windes ein. Die Auswirkungen der Schwerkraft bei der Entwicklung geologischer Abläufe, die Frage der Meteoriten, die aufbauende und zerstörende Tätigkeit von Organismen und schließlich der Einfluß des Menschen werden in der dem Verf. eigenen Gründlichkeit erörtert.

Und wie in den vorherigen Bänden gelingt es ihm musterhaft, keine neue Geomorphologie zu schreiben, sondern eine „Allgemeine" Geologie mit zahlreichen Verbindungen und Brücken zur Geomorphologie und von dieser wieder zurück zur Geologie.

Damit wird erneut die Bedeutung der Geologie als einer lebendigen Wissenschaft unterstrichen, wie dies CHARLES LYELL und KARL ERNST ADOLF VON HOFF an der Schwelle der modernen Epoche unserer Wissenschaft forderten.

Eine große Zahl von Bildern, Zeichnungen und Profilen, mit sehr viel Sinn für gute graphische Ausgestaltung im Text und auf separaten Bildseiten ausgebreitet, machen das Werk zu einem interessanten, selbst für den Fachmann lesenswerten Buch. —K—

„Minerale", Handbuch, Teil I

Verl. Akad. Wiss. UdSSR, Moskau 1960. Unter der Red. v. F. W. TSCHUCHROW und E. M. BONSCHTEDT-KUPLESKAJA. — 617 S.

In der Sowjetunion befindet sich ein umfassendes Handbuch über die Minerale in Arbeit, dessen erster Teil erschienen ist. Es wird vorgesehen, die Minerale in sieben Teilbänden zu erfassen. Der erste Teil enthält: gediegene Elemente, Metallverbindungen, Karbide, Nitride, Phosphide, Arsenide, Antimonide, Wismutide, Sulfide, Selenide, Telluride. Der zweite Teil umfaßt die Halogenverbindungen und die Oxyde. Im dritten und vierten Teil werden die Silikate behandelt. Der 5. und 6. Teil wird sich mit den übrigen Sauerstoffverbindungen beschäftigen, und im 7. Teil sollen die für die Mineralogie wichtigen Diagramme von Phasengleichgewichten zur Darstellung kommen.

„Bei der Vorbereitung des Handbuches wurde besondere Aufmerksamkeit einer möglichst breiten Verwendung der neuesten sowjetischen und ausländischen Literatur mit dem Ziel geschenkt, dem Leser eine Übersicht des derzeitigen Untersuchungsstandes einzelner Mineralien zu geben." (S. 3, Minerale, Handbuch, I. Teil.)

Jedes Mineral wird in folgender Reihenfolge beschrieben: Name, Formel, Erläuterung des Namens, Synonyme, Varietäten, Aggregatformen, Kristallstruktur und -morphologie, physikalische Eigenschaften, Chemismus, Verhalten bei Erhitzung, Vorkommen, Veränderungen, Synthese, praktische Bedeutung, diagnostische Merkmale, d-Werte, Literatur.

Das Handbuch ist für Mineralogen, Geochemiker, Petrographen, Geologen verschiedener Spezialrichtungen und für alle diejenigen bestimmt, die sich mit der Untersuchung, Gewinnung und praktischen Verwertung von Mineralen beschäftigen. G. TZSCHORN

KUDRJAWZEW, N. A.

Erdöl, Erdgas und feste Bitumina in magmatischen und metamorphen Gesteinen

Arbeiten des WNIGRI, Ausg. 142, Gostoptechisdat, Leningrad 1959

Das Buch von N. A. KUDRJAWZEW wird von M. KALINKO, K. ASCHIROW, N. A. MINSKI und M. M. SAIDOW in der Zeitschrift „Geologija Nefti i Gasa", Nr. 4 und 5, 1961, in drei Aufsätzen besprochen. Diese Autoren wenden sich gegen die Hypothese KUDRJAWZEWS, daß Erdöl und Erdgas auf anorganischem Wege gebildet wurden, ihre Entstehung magmatischen Prozessen zu verdanken haben. Sie kritisieren heftig die Auslegung des Faktenmaterials durch KUDRJAWZEW. So schreibt KALINKO: „Schon aus dem Aufbau des Buches ist ersichtlich, daß die Beschreibung der Fakten nicht Ziel, sondern Mittel zur Verteidigung der Ansichten des Verfassers über die Genese des Erdöls ist."

Im einzelnen kommen die Autoren zu folgenden Schlußfolgerungen: MINSKI & SAIDOW schreiben: „Das bituminöse Material in den magmatischen Gesteinen der Östlichen Gobi ist genetisch mit den Sedimentgesteinen verbunden. Die Anfangs- und Endetappen der magmatischen Tätigkeit der Intrusionskörper verlaufen im Vergleich zu den Nebengesteinen bei geringerem Druck. Deshalb wird der Leitsatz der Hypothese der anorganischen Entstehung des Erdöls angezweifelt, der besagt, daß eine aufwärtssteigende Migration der das Erdöl aufbauenden Bestandteile aus den ‚magmatischen Tiefenherden' besteht."

Auch ASCHIROW steht entschieden auf der Seite der Anhänger der organischen Entstehung des Erdöls und Erdgases und verteidigt diese Hypothese mit Ergebnissen eigener und von anderen Wissenschaftlern durchgeführter Untersuchungen auf dem Territorium der Sowjetunion und auf ausländischen Territorien. ASCHIROW räumt der anorganischen Entstehung von Methangas einen gewissen Platz ein, zweifelt jedoch stark die wirtschaftliche Bedeutung solcher Vorkommen an. In entsprechenden Gegenüberstellungen zeigt KALINKO, daß KUDRJAWZEW das vorhandene Material auf dem Gebiet der Erdölgeologie ausschließlich auf seine Hypothese zugeschnitten verwendet und sich dabei vor ungenauen Angaben nicht scheut (durch Beispiele bewiesen). Nach Ansicht KALINKOS wäre es besser gewesen, wenn sich KUDRJAWZEW auf eine Beschreibung der bekannten Erdölvorkommen sowie der Erdgasvorkommen beschränkt hätte, ohne auf die Genesis der jeweiligen Lagerstätten einzugehen. Es entspricht auch nicht der Thematik des Buches, wenn Erdöl/Erdgasvorkommen in Sedimentgesteinen beschrieben werden und diese auf die Weise KUDRJAWZEWS interpretiert werden. Die Beweisführung KUDRJAWZEWS „erinnert an Einwände von Geistlichen, die, sich auf einige noch ungeklärte Fragen der Entstehung des Lebens auf der Erde berufend, den Schluß ziehen, daß die biblische Legende doch die wahrhaftere sei." KALINKO vertritt den Standpunkt der organischen Genese des Erdöls und Erdgases. Dieser Vorgang ist noch nicht bis in alle Einzelheiten geklärt und ist sehr mannigfaltig, wird jedoch in Zukunft aufgedeckt werden und die Richtigkeit der organischen Genese dieser Bitumina bestätigen.

Die Vorkommen und die Genese fester Bitumina werden in der Monographie KUDRJAWZEWS sowie in den Stellungnahmen nur am Rande behandelt. Die drei Aufsätze sind von einer Schärfe der Polemik gekennzeichnet, wie wir sie auch sonst von den sowjetischen Arbeiten kennen.

TZSCHORN

JANOSCHEK, R.

Über den Stand der Aufschlußarbeiten in der Molassezone Österreichs

„Erdöl-Zeitschrift", Jg. 77 (1961), S. 161–175

Das erste Ölfeld in der österreichischen Molassezone wurde 1959 mit der Bohrung Ried 1 entdeckt. Die Molassezone ist ein asymmetrisches Becken, dessen tertiäre Sedimente im Norden nur wenige Meter, im Süden vor der Alpenrandstörung aber bis zu 400 m mächtig werden. Von den zahlreichen instruktiven Abbildungen der Arbeit bringen wir das geologische Profil durch die Molassezone zwischen Schärding und Vöcklabruck. Die Stratigraphie zeigt die folgende vom Autor veröffentlichte Tabelle.

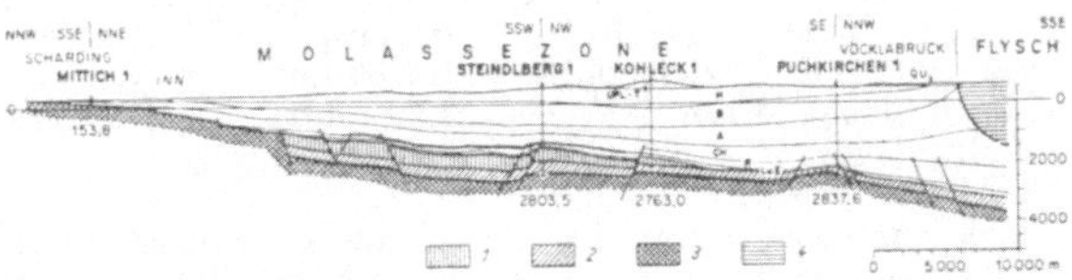

Geologisches Profil durch die Molassezone zwischen Schärding und Vöcklabruck

Qu – Quartär, UPL-T – Unterpliozän – Torton, H – Helvet, B – Burdigal, A – Aquitan, CH – Chatt, R – Rupel, L u. E – Lattorf und Eozän; 1 – Oberkreide, 2 – Oberjura, 3 – Kristallin der Böhmischen Masse, 4 – Helvetikum und Flysch

Quartär	Pleistozän	Alluvium Diluvium			
Tertiär	Pliozän	Oberpliozän	Schotterterrassen		
		Unterpliozän	Hausruck-Kobernausserwald-Schotter		
	Miozän	Sarmat Torton	Kohleführende Süßwasserschichten		
		Helvet	West: Oncophora-Schichten	Ost: Oncophora-Schichten	
			Sand-Schotter-Gruppe	Treubacher Sande, Braunauer Schlier, Mehrnbacher Sande	Glaukonit-Serie
				Rieder Schichten	Rotalien-Schlier
				Ottnanger Schlier, Atzbacher Sande, Vöcklaschichten	Robulus-Schlier
		Burdigal	Oberer Haller Schlier, Unterer Haller Schlier		Nord: Phosphoritsande
		Aquitan	Graubraune Tonmergel, im Süden mit Konglomeraten		
	Oligozän	Chatt	Nord: Linzer Sande Süd: Graue Tonmergel, Sandsteine und Konglomerate		
		Rupel	Dunkelgraue Tonmergel Bändermergel Heller Mergelkalk		
		Lattorf	Fischschiefer		
	Eozän	Obereozän	Nulliporenkalke Cerithienschichten Limnische Serie		
Mesozoikum	Kreide	Untercampan bis Turon	Graue Tonmergel und Mergelsteine		
		Cenoman	Glaukonitsandsteine		
	Jura	Malm	Kalke und Dolomite		
	Trias		Bunte Ton- und Sandsteine		
Paläozoikum	Karbon	Oberkarbon	Sandsteine und Konglomerate		

Kristallin der Böhmischen Masse: Granite, Gneise

E.

SARKISYAN, S. G.

Étude paléogéographique des régions pétrolifères de l'URSS

„Revue de l'Institut Français du Pétrole", Jg. XV (1960), Nr. 5, S. 811–835

Die vorliegende Arbeit ist eine Zusammenfassung sowjetischer Arbeiten auf dem Gebiete der Sedimentpetrographie. Der Mineralbestand der klastischen Gesteine wird untersucht, klassifiziert und paläogeographisch ausgewertet, besonders zur Feststellung des jeweiligen Abtragungsgebietes. Außer den Schwermineralien werden auch die Feldspäte nach Art und Besonderheiten, die Quarze nach Farbe, Form, Einschlüssen untersucht und die Schüttungsrichtungen ermittelt. Die Studien betreffen die erdölführenden Formationen in Aserbaidshan, Georgien, Nordkaukasusgebiet, Turkmenien, Emba, Ferghana, Sachalin, Ural–Wolga-Gebiet, Ukraine und einigen anderen Gebieten. Der Autor weist darauf hin, daß sich paläogeographische Untersuchungen auf petrographische Fakten gründen müssen; denn diese geben nicht nur die Grenzen zwischen Meer und Land, sondern zeigen auch geochemische, klimatische, hydrodynamische Bedingungen. Außerdem betont er, daß die Methoden unbedingt einer Normung bedürfen, damit man vergleichbare Werte erhält. Das Literaturverzeichnis enthält 86 Zitate einschlägiger sowjetischer Arbeiten. M.

VUCKOVIC, I., R. FILJAK & V. AKSIN

Survey of Exploration and Production of Oil in Yugoslavia

V. Welterdölkongreß, New York 1959, Section I – Paper 55

In Jugoslawien sind zwei Sedimentationsbecken erdölgeologisch von Interesse: das Pannonische Becken (eine Fortsetzung des ungarischen transdanubischen Beckens) und das Adriatische Becken. Ersteres enthält über dem hauptsächlich kristallinen Fundament nur lokal etwas Mesozoikum, aber sehr mächtiges Tertiär, bestehend aus ca. 1000 m Eozän, 200 m Oligozän, bis 2000 m Miozän und bis 3000 m Pliozän, wobei allerdings Grabenbildungen für die örtlich sehr großen Mächtigkeiten verantwortlich sind. Bisher wurden 15 Ölfelder und 5 Gasfelder entdeckt, die aus klastischen Gesteinen des Miozän und Pliozän etwa $^{1}/_{2}$ Mill. t pro Jahr produzieren. Das Adriatische Becken ist ein Teil der Mittelmeergeosynklinale mit mächtigen mesozoischen und alttertiären Sedimenten. Ölanzeichen im Mesozoikum sind nicht selten, wirtschaftliche Funde stehen aber noch aus. MEINHOLD

BORGER, H. D. & E. F. LENERT

The Geology and Development of the Bolivar Coastal Field at Maracaibo, Venezuela

V. Welterdölkongreß, New York 1959, Section I – Paper 26

Die neueren Aufschlüsse haben gezeigt, daß die Felder im Osten der Lagune von Maracaibo ein einziges zusammenhängendes Ölfeld von 85 mal 80 km Ausdehnung bilden. Dieses fördert jetzt 200000 t pro Tag, hat aber eine Kapazität für 300000 tato. Es liegt am Rande eines Sedimentationsbeckens, das seit der Kreide besteht und 7000 m Sande, Tone, Schiefertone und Kalke enthält. Diese Sedimentserie liegt dem Grundgebirge auf und besteht zur Hälfte aus eozänen Schichten. Die Hauptproduktion kommt aus dem Miozän, auch das Eozän liefert beträchtliche Mengen, nur geringe konnten bisher in der Kreide nachgewiesen werden. Die Struktur ist eine große, durch Brüche zerteilte Monoklinale, in der die Ölführung aber auch durch lithologische Fallen, ebenso durch Brüche, Aufwölbungen und Transgressionsfallen bestimmt wird. Bis jetzt hat das Feld fast 1 Mrd. t Öl geliefert, 1,6 Mrd. t sind noch gewinnbar. MEINHOLD

LANDES, K. K.

Ubiquity of Petroleum

Bull. A. A. P. G., Tulsa, Jg. 44 (1960), Nr. 8, S. 1416—1419

Die Erdölbildung ist unter normalen Verhältnissen ein gewöhnlicher Vorgang, der gar keine außergewöhnlichen Bedingungen benötigt. Daß es Sedimentationsbecken gibt, die wenig oder gar nicht produktiv sind, mag mit dem ungenügenden Erkundungsstand zusammenhängen. Es gibt jedoch geologische Gründe, die ein Sedimentationsbecken für die Erdölbildung weniger günstig machen. Diese können sein: ungünstige Ablagerungsbedingungen für feinkörniges Material, das Bitumen bilden kann, schlechte Speichergesteine, Gebirgsbewegungen mit Erosion und Zerstörung gebildeter Lagerstätten, Intrusionen von Magma. Diese Bedingungen sind nicht normal. Anomal sind auch die Becken, die ganz mit grobklastischem Material gefüllt sind oder nur Kalksteine enthalten und deshalb nicht höffig sind. Der Autor gibt Beispiele, wo einige Becken jahrzehntelang als ungünstig betrachtet wurden, bis man dann in schneller Folge Feld auf Feld entdeckte. M.

AMMOSOW, I. I. & J. W. JEREMIN

Kennzeichnung der Steinkohlen nach dem Gehalt an den Hauptgruppen der petrographischen Kleinstbestandteile (Mikrokomponenten)

„Raswedka i ochrana nedr", H. 1, 1961, S. 7—11

Ausgehend von der bekannten Tatsache, daß die Gefügebestandteile der Steinkohlen ein unterschiedliches technologisches Verhalten besitzen und quantitative Änderungen der Zusammensetzung qualitative Unterschiede der Einsatzmöglichkeiten des Rohstoffes bedingen, wird an einigen Beispielen demonstriert, wie sich hierbei die Verkokungseigenschaften ändern.

Es wird festgestellt, daß die Anwendung der Kohlenpetrographie für die rationelle Verwendung der Kohlen in der Industrie, aber auch die Vervollkommnung der Klassifikation und technologischen Gruppierung der Kohlen längere Zeit durch Fehlen einer einheitlichen Nomenklatur der Mikrokomponenten und vereinheitlichter Methoden ihrer Berechnung aufgehalten wurde.

Erst auf der Allunionskonferenz der Kohlenpetrographen im Jahre 1956 wurden eine Nomenklatur der Mikrokomponenten der Steinkohlen angenommen und die Methoden der Bestimmung des Gehalts an Mikrokomponenten in Durchschnittsproben vereinheitlicht*). Zur Bestimmung der Mikrokomponenten werden Reflexionsmessungen durchgeführt. Nach weiteren vorbereitenden Arbeiten wurde der Standard: „Methoden der Bestimmung der petrographischen Zusammensetzung" bestätigt und am 1. Juli 1960 eingeführt.

Besondere Aufmerksamkeit wurde seit 1932 der Entwicklung der als rationellstes Verfahren anerkannten Punktmethode zur Bestimmung der petrographischen Zusammensetzung gewidmet, die hinsichtlich der Genauigkeit durch größere Arbeiten überprüft wurde. Von Durchschnittsproben werden Körnerschliffe hergestellt, die im auffallenden Licht bei Verwendung von Ölimmersion mit dem Punktzählgerät (Integrationseinrichtung) von GLAGOLJEW untersucht werden. Die Untersuchung erfolgt in zwei Etappen, wobei in der ersten der Gehalt der mineralischen Beimengungen im auffallenden Licht ohne Ölimmersion bei Mikroskopvergrößerungen nicht unter 300fach und der organischen Mikrokomponenten ohne Unterteilung in einzelne Bestandteile festgestellt wird; in der zweiten werden bei Verwendung von Ölimmersion und 500- bis 700facher Vergrößerung die organischen Mikrokomponenten (= Mazerale) bestimmt.

Zur Auswertung dieser Ergebnisse wird ein Formular vorgeschlagen. Einige Beispiele der petrographischen Zusammensetzung der Steinkohlen lassen große Unterschiede zwischen den verschiedenen Lagerstätten erkennen.

Zur Ausarbeitung einer einheitlichen Industrieklassifikation der Kohle müssen die Parameter klassifiziert werden, die die petrographische Zusammensetzung der Kohlen charakterisieren. Es besteht die Möglichkeit, die petrographischen Methoden der Untersuchung bei der Bestimmung der technologischen Eigenschaften der Kohlen in noch größerem Maße auszunutzen. Außerdem kann die petrographische Untersuchung für die Flözgleichstellung und -parallelisierung noch mehr als bisher angewandt werden. MAGALOWSKI

*) Vermißt wird vom Ref. eine Stellungnahme zu den Heerlener Beschlüssen von 1935, 1952 und 1958.

ŠIKOVEC, R.

Der Kohlenbergbau Jugoslawiens

„Glückauf", Jg. 23 (1960), S. 1484—1487

1929 betrug die gesamte Kohlenförderung des Landes nur 5,6 Mill. t. Auf Steinkohle entfielen davon 400000 t, Braunkohle 4,1 Mill. t und lignitische Kohle 1,1 Mill. t. Bis zum Jahre 1939 stieg die Förderung auf 6,1 Mill. t (450000 t Steinkohle, 4,3 Mill. t Braunkohle und 1,3 Mill. t Lignit). Unlängst durchgeführte Schätzungen ergaben über 22 Mrd. t Kohlenvorräte, und zwar davon 90% lignitische Kohle, 9% Braunkohle und 1% Steinkohle.

Die bedeutendsten Steinkohlenlagerstätten befinden sich im östlichen Teil Serbiens und in Südwestkroatien (Istrien). Während die Lagerstätten Serbiens kretazisches oder jurassisches Alter haben, gehören die Steinkohlen Istriens ins Eozän. Besonders der Abbau der serbischen Steinkohlen wird durch die Tektonik sehr erschwert. Die istrischen Kohlen haben einen geringen Asche- und Feuchtigkeitsgehalt, dagegen einen größeren Schwefelgehalt. Ihr Heizwert liegt bei 6500 kcal/kg.

Die wirtschaftlich wichtigsten Braunkohlenlagerstätten besitzen oligozänes oder oligozän-miozänes Alter. Mit rd. 1 Mrd. t Vorrat liegen die bedeutendsten Lagerstätten im zentralbosnischen Becken. Auf den meisten der dortigen Gruben werden drei Flöze mit einer Mächtigkeit von jeweils 2,5—5 m abgebaut. Auf der Grube Banovići wird ein 18 m mächtiges Flöz teils im Tage-, teils im Tiefbau gewonnen. Die bedeutendsten slowenischen Braunkohlenlagerstätten liegen im Bereich des Sawe-Beckens, in dem zahlreiche Gruben ein 25 m mächtiges Kohlenflöz bauen. Dieses muldenartig gelagerte Flöz ist durch tektonische Einflüsse stark zerklüftet und fällt besonders am Muldenrand sehr steil ein.

Der Heizwert der jugoslawischen Braunkohlen liegt zwischen 3200 und 5000 kcal/kg. Ihr Schwefelgehalt ist meist gering. Die Kohle besitzt einen hohen Aschegehalt und führt bis 30% Feuchtigkeit.

Die Lagerstätten der Lignitkohlen gehören dem oberen Miozän oder unteren Pliozän an. In den Nachkriegsjahren wurden in Serbien die Lignitvorkommen im Kosovo-Becken mit 6 Mrd. t, von Kolubara mit 2 Mrd. t und das Mlava-Becken mit 1,5 Mrd. t erschlossen. Die Lagerstätten Bosniens im Kreka-Becken enthalten 4 Mrd. t und Velenje in Slowenien 600 Mill. t Lignit. Ein im Aufschluß befindlicher Tagebau soll eine Jahresförderung von 2 Mill. t haben. Das Verhältnis des Deckgebirges zur Kohlenmächtigkeit (D:K) beträgt dort 2:1 und ist somit sehr günstig. Die Lignitkohle zeigt auf den verschiedenen Lagerstätten sehr unterschiedliche Eigenschaften. Sie hat meistens einen großen Asche- und Feuchtigkeitsgehalt (bis 50%), und ihr Heizwert liegt zwischen 2000 bis 3200 kcal/kg. —Ds—

BADALOW, S. T.

Sulfate in den Erzen endogener Lagerstätten

„Geologie der Erzlagerstätten", Jg. 2 (1960), H. 2, S. 72 bis 82

Im Gebiet der Lagerstätte von Almalyk (südöstlich von Taschkent) wurden relativ häufig endogene Sulfate festgestellt, und zwar vorwiegend Baryt und Alunit, aber auch Gips, Anhydrit und Taumasit $HCa_3(CO_3)(SO_4)(SiO_4) \cdot 14\ H_2O$, aber nur in seltenen Fällen treten sie als Hauptkomponenten der Erze oder Gangarten auf.

Bisher war man der Meinung, daß die sulfathaltigen Mineralien nur in den obersten, oberflächennahen Lagerstättenteilen auftreten (vornehmlich Gips, Baryt und Alunit). Der Autor stellte jedoch fest, daß Anhydrit in den durch Bohrungen erkundeten Lagerstättenteilen noch in 700 m Tiefe in gleicher Menge vorkommt bzw. sogar nach der Teufe hin zunimmt.

Zur Bildung der in Almalyk bis in eine Teufe von 1000 m auftretenden Sulfatmineralien (mehr als eine Mrd. t) waren enorme Sauerstoffmengen erforderlich, die offensichtlich nicht allein durch Oberflächenwässer zugeführt wurden.

Der Sulfatabscheidung ging eine Veränderung des Nebengesteins wie Serizitisation, Chloritisation, Kaolinitisation u. a. voraus. Wie die qualitativen und quantitativen Verhältnisse der an diesen Vorgängen beteiligten Komponenten zeigen, bestehen enge Wechselbeziehungen zwischen Nebengesteinsveränderung und den Erzparagenesen, z. B. ist die Anhydritanreicherung in sauren bis intermediären Intrusiven an die Cu-Mo-Vererzung gebunden.

Abschließend gelangt Verf. zu dem Schluß, daß das Vorkommen von Sulfaten bei der Beachtung ihrer Bildungsbesonderheiten in unterschiedlichen Nebengesteinen für die geologische Erkundung der vererzten Gebiete verwendet werden kann. H. SCHULZ

HELKE, A.

Beitrag zur Kenntnis der Chromerzlagerstätte des Sori Dağı in der Türkei

N. Jb. Miner., Abh., Jg. 96 (1961), S. 48–78

Die Metallogenie der türkischen Chromerzlagerstätten, insbesondere der osttürkischen Chromitprovinz

Fortschr. Mineral., Bd. 39 (1961), S. 134–137

Am Beispiel der Lagerstätten des Sori Dağı teilt HELKE neue Beobachtungen mit und diskutiert diese im Rahmen folgender Fragen:

1. Sind die Muttergesteine der Chromerzlagerstätten und damit diese Lagerstätten selbst orogenen oder anorogenen Ursprungs?
2. Welches ist das Alter ihrer magmatischen Entstehung?
3. Welchem Zyklus im Sinne von H. STILLE gehören sie an?
4. Wann fand die orogenetische Anplatzstellung der Chromerzlagerstätten statt?

Das Muttergestein der Chromiterze bildet ein großer Lopolith aus basischen und ultrabasischen Gesteinen, der tektonisch zerstückelt und mit seinem Nebengestein verknetet wurde. Der Lopolith zeigt folgende Gliederung: Im Liegenden peridotitische Gesteine, die z. T. stark serpentinisiert sind, so daß besonders hier größere tektonische Bewegungen möglich waren. Im Hangenden treten gabbroide Gesteine auf, dazwischen Übergangsgesteine. Die Chromitflöze stellen wirtschaftlich interessante Teile einer magmatischen Schichtung dar.

Das Nebengestein des Lopolithen umfaßt drei Gesteinsserien:

1. Epizonale kristalline Schiefer. HELKE erwähnt auch einige Quarz-Epidot-Chlorit-Gesteine (epithermal), die als mögliche Kontaktgesteine gewertet werden. Sie liegen im hangenden Teil des Lopolithen; eine petrographische Untersuchung fehlt.

2. Eine geosynklinale Serie oberkretazischen bis paläozänen Alters, bestehend aus tonigen Sedimenten, Radiolariten, Plattenkalken und vulkanischen Produkten des initialen Magmatismus.

3. Litorale bis neritische Sedimente, vor allem das Basiskonglomerat des Maastricht.

Die kristallinen Schiefer treten im Liegenden des Lopolithen auf. Die Grenze ist gestört, ebenso die Grenze zwischen der geosynklinalen Serie und dem Lopolithen. Das Basiskonglomerat liegt an einigen Stellen dem Gabbro des Lopolithen ungestört auf. Als Gerölle sind anchimetamorpher Gabbro, Gabbroamphibolit und Amphibolit, der vielleicht aus Quarzdiabas hervorgegangen ist, beobachtet worden.

HELKE schließt, daß der Lopolith allochthon ist und sekundär durch die alpidische Orogenese verschliffen wurde. Das Maastricht-Basiskonglomerat zeigt, daß er zu Beginn des Maastricht abgetragen wurde. Daher nimmt der Autor ein variskisches oder älteres Alter des Lopolithen an. Auch zeigen die Gerölle Anzeichen einer Prämaastricht-Metamorphose (Gabbroamphibolit).

Die Intrusion des mehr oder weniger serpentinisierten Lopolithen mit den Chromitflözen an den heutigen Platz fand auf „kaltem Wege" statt, d. h. mechanisch-tektonisch an tief eintauchenden Bewegungsflächen.

HELKE vergleicht die Position der Chromitlagerstätten mit der von Titaneisenerzlagerstätten. Für einige dieser Titaneisenerzlagerstätten ist gezeigt worden, daß sie dem katazonalen Grundgebirge des Präkambrium angehören, sich während der katazonalen Prägung bildeten (z. B. MICHOT, Exkursion A 9 zum Internationalen Geologenkongreß Kopenhagen, 1960) und sich daher nicht in die geomagmatische Gliederung von H. STILLE (initial usw.) einordnen lassen. Diese Gliederung entspricht dem Geschehen im oberen Stockwerk (epizonal) des Orogens. Ein sehr prägnanter Aufsatz über die Stockwerkstektonik, die auch für die genetische Einordnung von Lagerstätten sehr fruchtbar ist, ist von E. WEGMANN im geotektonischen Symposium zu Ehren des Geburtstages von H. STILLE 1956 erschienen. Andere Titanerzlagerstätten, z. B. die vom Bushveld, sind nichtorogen. Der exakte Beweis für die Zugehörigkeit des Lopolithen zu einer der erwähnten oder einer anderen Gesteins- und Erzgenese ist sehr schwierig zu führen, da die alpide Tektonik die ursprünglichen Verbandsverhältnisse zerstört hat. Eine petrographische und petrotektonische Analyse kann vielleicht weiterführen. T. KAEMMEL

SCHNEEGASS, G.

Mineralogisch-petrographische Untersuchung der Grube Berlepsch-Maybach

Unveröffentlichte Diplomarbeit, Jena 1960

Im Zuge der von Prof. Dr. HEIDE durchgeführten Inventarisierung der Mineralogie der Staßfurt-Serie und insbesondere des Kalilagers wurde vom Verf. einer der alten Grubenbaue am klassischen Staßfurter Sattel neu bearbeitet.

Die Arbeit ist in zweierlei Hinsicht bemerkenswert. Sie enthält einmal eine eingehende Beschreibung der Minerale und ihrer Verwachsungen. So werden u. a. radialstrahlig aggregierter stengliger Ascharit im Carnallitit beschrieben sowie aufschlußreiche Einzelheiten über die Borazitverbreitung in den verschiedenen Salzgesteinen mitgeteilt. Als färbende Substanz des Carnallits wurde neben Hämatit röntgenographisch Goethit (α-FeOOH) nachgewiesen. Im Kainitgestein des Kainithutes tritt dagegen nur Hämatit auf. Im Hauptanhydrit wurde als karbonatische Komponente nur Magnesit gefunden.

Zum anderen wird die Feinstratigraphie des Kalilagernormalprofils beschrieben, aus der sich verschiedene Hinweise auf die Petrogenese ergeben.

Es ist zu wünschen, daß diese und viele andere interessante und wichtige Einzelheiten recht bald durch Veröffentlichung einem größeren Kreise zugänglich gemacht werden.

GOTTESMANN

Zur Methodik der Messung optischer Konstanten der Erzminerale

WOLYNSKI, I. S.

Teil 1: Grundlagen der Methode der Messung des Reflexionsvermögens und anderer optischer Konstanten der Erzminerale

WOLYNSKI, I. S. & S. L. JASNOPOLSKI

Teil 2: Bestimmung von N und χ lichtabsorbierender Minerale nach Meßergebnissen von R

Arbeiten des IMGRE der Akad. Wiss. UdSSR, Ausg. 3, Moskau 1959, S. 195–226

Es ist das Ziel der Arbeit, die Erzminerale hinsichtlich ihrer optischen Konstanten, die mit dem Reflexionsvermögen verbunden sind (Reflexionsexponent R, Dispersion des Reflexionsvermögens, Bireflexion u. a.), genauer zu charakterisieren. Zur Bestimmung werden zwei Zusatzgeräte, die an ein Erzmikroskop zu montieren sind, beschrieben: 1. Photometerokular und 2. Zusammenstellung von 7–10 hochempfindlichen monochromatischen Interferenzlichtfiltern, die eine große Lichtdurchlässigkeit in kleinen Spektrenbereichen aufweisen und das gesamte sichtbare Spektrum erfassen. Besonders ausführlich wird die Konstruktion und Anwendung des Photometerokulars beschrieben. Als Standardminerale werden ged. Silber, ged. Platin, Galenit und Sphalerit vorgeschlagen. Die Genauigkeit der Methode wird durch parasitäre Beleuchtungseffekte stark gesenkt. Es werden Mittel und Wege zur Beseitigung dieses Störeffekts angegeben. Eine Verbindung der Messungen in Luft und in Immersion lassen die Bestimmung von N = Brechungsexponenten und χ = Koeffizient der Lichtabsorption zu. Als Beispiele werden die Zahlen- und graphischen Werte für N und χ der Minerale Chalkopyrit, Tennantit und Bornit angeführt. In tabellarischer sowie graphischer Form sind ausführliche optische Werte für die Standards angegeben.

TZSCHORN

PONOMARJEW, A. I.

Methoden der chemischen Analyse von Silikat- und Karbonatgesteinen

2. Aufl., Verl. Akad. Wiss. UdSSR, Moskau 1961

In die 2. Auflage dieser Arbeitsanleitung wurden die neuesten Methoden für die Bestimmung einiger Elemente eingearbeitet, die in letzter Zeit in der ausländischen und sowjetischen Fachliteratur veröffentlicht worden sind. Außer den Verfahren zur Bestimmung von SiO_2, TiO_2, ZrO_2, Al_2O_3, Fe_2O_3, Cr_2O_3, FeO, CaO, MgO, SrO, MnO, BaO, NiO, CoO, CuO, V_2O_5, P_2O_5, K_2O, Na_2O, Li_2O, Rb_2O, Cs_2O, SO_4, CO_2, H_2O, S, F, Cl, C, SE enthält die 2. Auflage die in der 1. Ausgabe von 1951 fehlenden Methoden zur Bestimmung von Beryllium, Thorium, Zerium, Uran, Bor und der Alkalien durch Flammenphotometrie. Der vorliegende Band enthält vor allem ausgewählte, genaue Analysenmethoden. Die theoretische Seite der chemischen Prozesse wurde nur so weit dargestellt, wie sie für das Verständnis der Reaktionen erforderlich erschien. Das Buch ist für einen großen Kreis von Chemikern und Analytikern, die auf dem Gebiet der anorganischen quantitativen Analyse arbeiten, bestimmt. Vorliegende Zusammenstellung ist vor allem für Laboratorien, die für die geologische Forschung und Praxis tätig sind, ausgerichtet. Darüber hinaus wird das Buch von der chemischen, metallurgischen, Silikat- und Hüttenindustrie mit Interesse aufgenommen werden. TZSCHORN

SCHRÖDER, D.

Wende in der europäischen Energiewirtschaft

Sonderdruck aus „Das Ölfeuerjahrbuch", Stuttgart 1961 (Deutsche Shell AG)

Die kleine Schrift zerfällt in die drei Hauptabschnitte: Strukturwandel des europäischen Energiebedarfs, Wandel in der Beurteilung der europäischen Energiesituation und europäische Energiepolitik. Über den Strukturwandel wird ausgeführt: „Während gegenwärtig in Europa das Erdöl seinen Anteil am Energieverbrauch ständig vergrößert, stagniert in den USA seit einigen Jahren der Ölanteil. Dort ist die Expansion inzwischen auf das Erdgas übergegangen. Eine ähnliche Entwicklung wurde in Europa vor einigen Jahren noch für äußerst unwahrscheinlich gehalten." Ab 1965 rechnet der Autor im Weltmaßstab mit einem zunehmenden Angebot an Erdgas. „In der UdSSR hat man deutlich den Zug der Zeit erkannt, daß das Schwergewicht der künftigen Entwicklung auf Erdöl und insbesondere Erdgas zu verlegen ist." Vor einer Bagatellisierung der Energiekosten wird gewarnt. „Da die Wettbewerbsfähigkeit einer Volkswirtschaft von allen Kostenfaktoren abhängt und nicht etwa einer dieser Kostenfaktoren vernachlässigt werden darf, muß jedes hochindustrialisierte Land, das im internationalen Wettbewerb bestehen und in der Steigerung des Lebensstandards nicht in Rückstand kommen will, jede Chance wahrnehmen, auch die Energiekosten möglichst niedrig zu halten, wenn es das Ziel ist, einen dieser Kostenfaktoren, nämlich die menschliche Arbeitskraft, ständig höher zu bewerten."

Über die wahrscheinlichen abbauwürdigen Bruttoreserven an fossilen Brennstoffen in der Welt wird folgende Tabelle gebracht:

	Mrd. t SKE	in v. H.
Stein- und Braunkohle	2150	67
Erdöl	350	11
Ölschiefer	250	8
Teersande	200	6
Öl insgesamt	800	25
Erdgas	250	8
fossile Brennstoffe insgesamt	3200	100

L.

Beiträge zum Granitproblem

Fortschritte der sowjetischen Geologie. — Hrsg. Geotekt. Inst. Deutsch. Akad. Wiss., H. 3, Akademie-Verlag, Berlin 1961. — 177 S., 27 Abb., 29 Tab.

Der Sammelband enthält folgende Arbeiten:

SARIDSE, G. M.: Über das Problem der Granitgenese (Diskussionsbeitrag)
AFANASSJEW, G. D.: Ein Beitrag zum Problem der Granitgenese auf Grund von Unterlagen über die Granitoide der UdSSR
FROLOWA, N. W.: Über die Entstehung der archäischen Granite Ostsibiriens
KOPTEW-DWORNIKOW, W. S.: Über die Hybridisation an Beispielen einiger Granitintrusionen im Paläozoikum Zentralkasachstans
LJACHOWITSCH, W. W.: Die endomorphe Veränderung der jungen Baksan-Granite am Kontakt mit Kalksteinen
USSENKO, I. S.: Über die Genese der alten Granitoide des Ukrainischen kristallinen Schildes
ISSAMUCHAMEDOW, I. M.: Die Rolle der Assimilisation in der Petrogenese
KORSHINSKI, D. S.: Azidität-Alkalität als wichtigster Faktor magmatischer und postmagmatischer Prozesse
MASSLENIKOW, W. A.: Physikalisch-chemische Charakteristik der Kristallisation von Graniten (Am Beispiel der proterozoischen Granitoide der Halbinsel Kola)

Ein ausführliches Literaturverzeichnis gibt Hinweise auf weitere in der Zeit von 1899 bis 1958 zu diesem Problem veröffentlichte Arbeiten. E.

Autorenkollektiv

Länder der Erde, Politisch-ökonomisches Handbuch

Übersetzung aus dem Russischen nach der 2. verbesserten Auflage; Verlag „Die Wirtschaft", Berlin 1960. — 788 S., 19.50 DM

Dieses Handbuch gibt über alle Länder der Erde kurze präzise Informationen, die jeweils den neuesten Stand der Entwicklung berücksichtigen, soweit das im Rahmen eines Handbuchs möglich ist. In alphabetischer Reihenfolge angeordnet werden nach einer kurzen Einführung in die allgemeine Entwicklung jedes Landes seine Wirtschaft, seine Naturschätze, die Industrie, der Verkehr, die Finanzen, seine sozialen Errungenschaften, sein kultureller Aufbau und seine Staatsordnung behandelt. Eine kurze Zusammenstellung der wichtigsten Ereignisse der Nachkriegszeit beschließt die Angaben über jedes einzelne Land. F. HESS

Afrikanische Gegenwartsfragen

„Deutsche Außenpolitik", Sonderheft I (1960), Rütten & Loening, Berlin. — 220 S., 2,— DM

Dieses Afrika-Sonderheft bringt in 16 Einzelbeiträgen zahlreiches Informationsmaterial, das jedem, der irgendwie mit afrikanischen Gebieten zu tun hat, wichtige politische und ökonomische Einzelheiten vermittelt. Besonders sei auf die Beiträge über Guinea, Nigeria, Kongo und Kenia hingewiesen. Als Beilage enthält das Heft eine ökonomisch-geographische Karte Afrikas. Im Text werden Skizzen mit Eintragung der wichtigsten Lagerstättengebiete von Guinea, Nigeria, Mandatsgebiet Westkamerun, Kongo, Kenia, Uganda und Tanganjika gebracht. E.

RYAN, C. W.

A Guide to the Known Minerals of Turkey

Ankara, April 1960

Der Führer durch die bekannten Lagerstätten der Türkei gibt eine ausführliche systematische Übersicht über die zahlreichen Vorkommen des Landes. Diese werden nach einer sonst wenig üblichen Einteilung in vier Gruppen gegliedert:

Gruppe A: Edel- und Spurenmetalle (einschl. Uran)
Gruppe B: Eisen- und Stahlveredler, feuerfeste Mineralien und Brennstoffe
Gruppe C: Keramische Rohstoffe und Nichterze
Gruppe D: Rohstoffe für die chemische Düngemittelindustrie, Schleifmaterialien und verschiedene Rohstoffe. E.

Neuerscheinungen und Literaturhinweise

ALEXEJEW, L. G.
Erfahrungen bei der Modernisierung von Bohrpumpen
Gostoptechisdat, Moskau 1961. — 64 S.

MININ, A. A.
Bohrautomaten für den Meißelvorschub
Gostoptechisdat, 1960. — 128 S.

JATROW, S. N. u. a.
Natürliche Spülflüssigkeiten beim Niederbringen von Gasbohrungen unter erschwerten Bedingungen
Gostoptechisdat, Moskau 1961. — 48 S.

PETROW, G. I. u. a.
Methoden der geologisch-geophysikalischen (radiometrischen) Betreuung von Urangruben
Atomisdat, Moskau 1960. — 192 S.

NEISTADT, I. M.
Die Palynologie in der UdSSR. Geschichte und Bibliographie (1951—1957)
Verlag AN SSSR, 1960. — 320 S.

Autorenkollektiv
Botanische Unterlagen der Abteilung für Sporenpflanzen
Verlag AN SSSR, 1960. — 400 S.

Nachrichten und Informationen

Erdöl/Erdgas

Entwicklung der Erdölwirtschaft in Nigeria

Im Jahre 1956 wurde nach 19jähriger, nicht mit besonderem Eifer betriebener Aufschlußtätigkeit die erste Erdölbohrung in Nigeria auf dem heutigen Ölfeld Oloibiri fündig. Ihr folgten schnell weitere Bohrungen nach. Das Feld liegt 100 km westlich des Hafens Port Harcourt. Zum Abtransport des Erdöls wurde eine Pipeline projektiert.

1957 trafen zwei fündige Aufschlußbohrungen das neue Ölfeld Afam, 32 km östlich desselben Hafens. Eine 6″-Pipeline wurde von hier nach Port Harcourt verlegt und installiert.

Anfang 1958 entdeckte man bei Soku im Nigerdelta ein weiteres Ölfeld. Der Speicherhorizont liegt in 3000 m Teufe. In diesem Jahr begann der Abtransport des Rohöls durch die Pipeline von Afam aus zum Hafen und von dort nach Holland in die Raffinerie von Pernis.

Ende 1958 trafen Suchbohrungen bei Ituk in der Provinz Calabar, 100 km östlich von Port Harcourt, gute Ölspuren. Auch in einer Bohrung bei dem Ort Obigbo regten gute Ölspuren zu weiterer Aufschlußtätigkeit an. Dagegen blieb eine von der Plattform eines schwimmenden Bohrturms auf dem Bonny-Fluß, 65 km von Port Harcourt im Südosten Nigerias, niedergebrachte Bohrung ohne Erfolg. Sie wurde 3600 m tief.

In dem gleichen Jahr wurde die zweite Pipeline, vom Feld Oloibiri zum Hafen Port Harcourt, fertiggestellt und ermöglichte eine Steigerung der Tagesproduktion von 70 auf 700 t. Damit stieg der Rohölexport aus beiden Feldern (Afam und Oloibiri) auf 1000 Tagestonnen.

Anfang 1961 verfügte Nigeria über sechs Ölfelder mit den Namen: Afam, Bomu, Ebubu, Elelenwa, Okoloma und Oloibiri.

Folgende Zahlen kennzeichnen die Entwicklung:

1958 aus vier Sonden in Oloibiri und zwei Sonden in Afam	je 140 t/Tag
Ende 1958 tägliche Produktion für Export	700 „
1959 Jahresproduktion	0,55 Mill. t
1960 Jahresproduktion	1,5 „ „
Plan für die nächsten Jahre:	
Steigerung auf	4,5 bis 5 Mill. t/Jahr

Die „Shell BP Petroleum Development Co of Nigeria“ hat das Monopol für das Erschließen und die Ausbeute der Erdöllagerstätten im ganzen Land. Die gesamte Produktion wird exportiert. Deshalb ist die nigerische Erdölwirtschaft in weitgehendem Maße von der Marktlage des Rohöls und seiner Produkte abhängig.

Die Gewinnraten sind nicht gering. Im Verhältnis zu ihnen stehen die getätigten Investitionen, die folgenden Umfang annahmen:

1937 bis 1957 insges.	75 Mill. $
1958	28 Mill. $
Bis Ende 1959 insges.	168 Mill. $

—K—

Die Entwicklung der Erdölreserven in Westdeutschland

Die Vorratsberechnungen des Landesamtes für Bodenforschung Hannover mit Bezugsdatum vom 1. 1. 61 sind abgeschlossen und zeigen einige interessante Verschiebungen bezüglich der Einschätzung der Erdölvorräte in Westdeutschland. Die Gesamtmenge wird mit 87983400 t angegeben. In dieser Zahl sind enthalten die „sicheren“ Vorräte mit 68986900 t und die „wahrscheinlichen“ Vorräte mit 18996500 t.

Insgesamt betrachtet ist gegenüber dem Jahr zuvor ein Zuwachs von rund 15 Mill. t zu verzeichnen. Rechnet man die Produktion des verflossenen Jahres mit 5,5 Mill. t hinzu, so beträgt der effektive Vorratszuwachs 20,5 Mill. t.

In dieser Summe sind aber nur ca. 4 Mill. t Vorräte in neuentdeckten Feldern enthalten, während die restlichen 16,5 Mill. t auf die Erweiterung bereits bekannter Felder fallen. Auch spielen bei diesen älteren Produktionsfeldern die Sekundärmaßnahmen eine für die Vorratskalkulation wichtige Rolle.

Aufgeschlüsselt auf die einzelnen Distrikte steht das alte „hannoversche“ Gebiet zwischen Elbe und Weser mit 25397800 Mill. t Gesamtvorräten an der Spitze. Es hat aber nur einen Vorratszuwachs von 1,5 Mill. t zu verzeichnen. Dieser gründet sich wesentlich auf das Erschließen eines neuen Ölfeldes bei Hamburg durch die Bohrung Sottorf-Ost 1 (ca. 1,4 km WSW der Fundbohrung Groß-Hamburg 2). Diese Bohrung steht am Südwesthang des Hamburger Juratroges und traf zwischen 2069,2 und 2072,9 m den Dogger-beta-Sandstein ölimprägniert an. (Die Lagerstätte Sottorf-Ost ist nicht zu verwechseln mit dem alten Ölfeld Sottorf, das 1937 von der Mobil-Oil auf dem Salzstock gleichen Namens erschlossen und ausgebeutet wurde. Nach einer Gesamtproduktion von 5177 t schweren Öls aus 280 m Teufe wurde die Förderung 1944 aus wirtschaftlichen Gründen eingestellt.) Auch die erfolgreiche Konturierung der Felder Vorhop-Knesebeck und Leiferde kommt in der Zuwachszahl zum Ausdruck.

An zweiter Stelle folgt mit 25320000 t das Emsland. Es hat den höchsten effektiven Zuwachs an Vorräten zu verzeichnen mit 6,1 Mill. t. Hierbei spielt sowohl das neuentdeckte Ölfeld bei Meppen wie auch die Ertragsverbesserung der Felder Rühle und Georgsdorf mittels Sekundärverfahren eine bedeutende Rolle.

An dritter Stelle rangiert mit 24808100 t Gesamtvorräten das Gebiet zwischen Weser und Ems. Der Zuwachs von 3,8 Mill. t kommt auf das Konto besserer Einstufung und Beurteilung der bereits bekannten Felder: Barenburg, Bramhar-Wettrup, Wehrbleck und Wietingsmoor.

Am interessantesten für die Erkundung in der Deutschen Demokratischen Republik ist die Entwicklung des Gebietes nördlich der Elbe. Es steht mit 9160000 t Gesamtvorräten an der 4. Stelle, hat aber mit 3,9 Mill. t den prozentual größten Vorratszuwachs. Hierin drückten sich die weitere Erkundung des Feldes Plön-Ost und die Entdeckung des neuen Teilfeldes Reitbrook-West aus.

Gegenüber diesen norddeutschen Gebieten verzeichnen die Erdölprovinzen Rheintalgraben mit 2177000 t und Alpenvorland mit 1120500 t einen Vorratsschwund um ca. 260000 bzw. ca. 60000 t. —K—

Westdeutschlands Erdgaslage

Im Jahre 1960 überstieg die Erdgasproduktion Westdeutschlands mit 448 Mill. m³ erstmalig die 400-Millionen-Grenze. Nachdem die meisten dortigen Erdgasvorkommen entweder nicht in Produktion genommen worden waren oder nur gedrosselt gefahren wurden, ist die Steigerung der Erdgasproduktion, die gegenüber dem Jahre 1959 etwa 15% beträgt, weniger auf die Entdeckung neuer Felder zurückzuführen als vielmehr auf eine rationellere Ausbeutung der bereits erkundeten Erdgasstrukturen.

Nachdem mit dem Ausbau weiterer Pipelines das Versorgungsnetz wesentlich erweitert wurde, wird in Kürze mit der Erhöhung der Erdgasproduktion auf 2—3 Mrd. m³ pro Jahr gerechnet. Auch diese Kapazität entspricht noch nicht annähernd dem in den Nachkriegsjahren erschlossenen optimalen Förderpotential.

Als bedeutendstes Gasfeld muß nach wie vor das von Rheden angesprochen werden, dem in der augenblicklichen Situation 130 Mill. m³ entnommen wurden. Ihm folgt mit 40 Mill. m³ Bentheim.

Die Erdölgasproduktion, die 1959 noch 161,1 Mill. m³ betrug, stieg im Jahre 1960 auf 195,0 Mill. m³. Dieses Gas tritt allerdings in der Energiebilanz nicht hervor, weil es größtenteils in Sekundärverfahren den Lagerstätten wieder zugeführt oder im Betrieb an Ort und Stelle verbraucht wird.

—K—

Dogger β als Speichergestein in Württemberg

Durch eine im württembergischen Erdölfeld Mönchsrot als Erweiterungsbohrung im Mesozoikum niedergebrachte Bohrung, die im Dogger β gasfündig wurde, konnte zum ersten Mal bewiesen werden, daß neben dem ölimprägnierten Lias und Rhät in Württemberg auch der Dogger β von wirtschaftlicher Bedeutung ist. Die Bohrung traf im Dogger, Lias, Keuper und Muschelkalk Speichergesteine an. Der Dogger-β-Sandstein erbrachte in 1929,5 bis 1952 m Teufe ein wirtschaftlich beachtliches feuchtes Gas mit 85% CH_4. Ob es sich um eine echte Erdgaslagerstätte oder um die Gaskappe einer Erdöllagerstätte handelt, ist noch nicht geklärt. Ha.

Westeuropäische Rohölfernleitungen

Die folgende Aufstellung gibt einen Überblick über die z. Z. in den OEEC-Ländern im Betrieb bzw. im Bau oder in der Planung befindlichen Rohölfernleitungen nach „VDI-Nachrichten", Düsseldorf, 10. 5. 61:

Verlauf der Rohrleitungen	Länge (in km)	Höchstdurchsatz (jährl. Mill. t)	Rohrdurchmesser (in cm)	Fertigstellung
Zistersdorf–Lobau	49	2	31	vor 1939
Finnart–Grangemouth	91	3,1	31	1951
Milford-Haven–Llandarcy	97	6	46	1960
Vado (Ligure)–Novara (Trecate)	152	–	20	1952
Genua–Mailand	129	–	30	1953
Parentis–Bec d'Ambès	120	3	30 u. 40	1958
Le Havre–Petit-Couronne	77	3	25	1959
Genua–Aigle	420	2,5	30,5	1962
Wilhelmshaven–Köln	390	22	70	1959
Wesel–Gelsenkirchen	40	6	40	1959
Rotterdam–Köln/Wesel	300	20	60	1960
Lavéra–Straßburg–Karlsruhe	760	30	86	nach 1963
Karlsruhe–Bayern (im Anschluß an Pipeline Lavéra–Karlsruhe)	250	?	60	

43 500 km Gesamtlänge dürfte der Bau neuer Rohrleitungen für den Ferntransport von Öl oder Erdgas in den kapitalistischen Ländern erreichen. Das für 1961 angestrebte Ziel liegt um 30% höher als das Ergebnis von 1960. In den USA und in Kanada wird die Vergrößerung des Rohrleitungsnetzes nur verhältnismäßig gering sein; um so größer ist die Bauaktivität in Westeuropa, Lateinamerika und Afrika. E.

Kohle

Aufbau und Eigenschaften der Saarkohle

Von dem flözführenden Karbon zwischen Pont-à-Mousson in Lothringen und Bad Kreuznach in Rheinland-Pfalz hat bisher nur der mittlere, von Falkenberg in Lothringen bis Frankenholz im Saarland reichende Teil bergbauliche Bedeutung. Aufgeschlossen ist Westfal C und D sowie das ganze Stefan. Die karbonischen Schichten bestehen aus einer Wechsellagerung von Kohle, Schieferton, sandigem Schiefer, Sandstein und Konglomerat. Die Lagerstätte weist verhältnismäßig große Flözmächtigkeiten (1,7 bis 1,8 m) und einen hohen Anteil an flach gelagerten Flözen auf. Wie H. Rolshoven in „Glückauf", 1960, H. 25, S. 1576, mitteilt, beträgt der Gesamtkohlenvorrat im Bereich des Saarlandes oberhalb – 700 m NN (entsprechend einer Teufe von 800 bis 1000 m) rd. 2 Mrd. t.

Besonders vorteilhafte Eigenschaften der Saarkohle für die industrielle Nutzung sind der geringe Schwefel- und Phosphorgehalt und der für die Benzolgewinnung günstige hohe Wasserstoffgehalt. Der Anteil an dem der Verkokung förderlichen Vitrit ist vergleichsweise hoch, der Anteil an dem dafür ungünstigen Durit dagegen verhältnismäßig gering. Die Kohle läßt sich bei entsprechender Vorbehandlung zu einem guten Hüttenkoks verarbeiten. Die einzelnen Kohlenarten haben folgenden Anteil: 3% Edelflammkohle, 42% Flammkohle und 55% Fettkohle. Heute werden rd. 55% der für Verkokung und Verkauf verfügbaren Menge von 14 Mill. t zu Koks, Gas und Kohlenwasserstoffen verarbeitet.

E. Siegmund

Steinkohlenvorräte in der Südafrikanischen Union

Die durch geologische Erkundungsarbeiten festgestellten Steinkohlenvorräte der Südafrikanischen Union werden mit rund 25 Mrd. t angegeben. Die gesamten Ressourcen des Landes, die etwa $^1/_2$% der Weltressourcen ausmachen, werden auf 75 Mrd. t geschätzt. Damit besitzt das Land etwa $^1/_3$ der Vorräte der südlichen Hemisphäre und mehr als $^4/_5$ der gesamten Steinkohlenvorräte des afrikanischen Kontinents.

Die Südafrikanische Union produziert die billigste Kohle der Welt. Die Förderung beträgt 40 Mill. t jährlich. Die Kohlenflöze weisen Mächtigkeiten von durchschnittlich 3–5,5 m auf und liegen in Teufen von 45 bis 105 m. Infolge der dadurch möglichen Schrägschächte wird die Kohle im allgemeinen mit Förderbändern an die Oberfläche gebracht. Die Schichtleistung liegt im herkömmlichen Bergbau bei $3^1/_2$ t, bei mechanisiertem Abbau und Förderung bei 7–11 t. Die 53 Kohlengruben, die in den hauptsächlichsten Kohlefeldern des Oranje-Freistaates, von Transvaal und Natal arbeiten, bringen rd. 2% der Weltförderung an Steinkohle. —ul—

Erze

Eisenerzförderung in der Volksrepublik Rumänien

Die Eisenerzförderung der Volksrepublik Rumänien wird im Jahre 1965 4 Mill. t erreichen. 1,4 Mill. t davon werden in neuerschlossenen Gruben und Tagebauen gewonnen.

Im Jahre 1965 soll die Stahlproduktion bereits 3,3 Mill. t betragen, das wäre fast das Zwölffache der Stahlerzeugung des Jahres 1938. 1938 wurden in Rumänien 18,2 kg Stahl pro Kopf der Bevölkerung produziert, 1959 stieg die Pro-Kopf-Produktion bereits auf 76 kg, und bis 1965 wird sie sich auf 177 kg erhöhen. Hess

Anteil des Ruhrgebiets an der Roheisengewinnung im Rheinland und in Westfalen

1850	18,5%
1871	57,2%
1907	75,1%
1920	84,8%
1939	91,2%
1959	98,5%

(Nach „Montanarchiv", Nr. 45, 1961, S. 6)

E.

Eisenerz bei Nienburg (Weser)

Westdeutsche Geologen haben im Gebiet von Nienburg (Weser) 1958 ein Eisenerzvorkommen von über 400 Mill. Tonnen nachgewiesen. Die Mächtigkeit des Erzlagers liegt im Durchschnitt bei 4 m, die durchschnittlichen Fe-Gehalte betragen 38%. Die Förderung soll 1968 aufgenommen werden, nachdem die Barbara Erzbergbau AG (Düsseldorf) mit dem Abteufen eines Versuchsschachtes begonnen hat. Es sollen jährlich etwa 2 Mill. t Eisenerz gefördert werden. —ul—

Eisenerz in der VAR

In der Provinz Nord-Aleppo wurde von sowjetischen Geologen, die zur Zeit in Syrien geologische Untersuchungsarbeiten durchführen, ein neues Eisenerzvorkommen von etwa 37 Mill. t nachgewiesen. Die durchschnittlichen Fe-Gehalte betragen 32%. —ul—

Steigende Chromiterzeugung in Indien

In der Indischen Union stieg die Chromitproduktion von 46 000 t im Jahre 1958 auf 85 000 t im Jahre 1959. 95% der Gesamtproduktion an hochwertigen Chromiterzen entfallen auf den Staat Orissa. Die Erze werden vor allem nach Japan (29 300 t im Jahre 1959) und Norwegen (18 900 t im Jahre 1959) exportiert. In den Gruben stieg der Durchschnittswert je t Chromerz von 49,81 Rupien im Jahre 1958 auf 58,27 Rupien im Jahre 1959. Diese Steigerung ist auf die Zunahme des Anteils der Gewinnung an hochwertigen Erzen zurückzuführen. He.

Rückläufige Zinnproduktion in den kapitalistischen Ländern

Wie der Aufsichtsratsvorsitzende der Straits Trading Co. auf der Jahreshauptversammlung der Gesellschaft kürzlich erklärte, wird die Zinnproduktion in den Erzeugerländern, die zu den Unterzeichnern des Internationalen Zinnabkommens gehören, im Jahre 1961 120 000 long tons nicht erreichen. In einer früheren Verlautbarung war die mögliche Jahresproduktion der sechs Haupterzeugerländer noch auf 140 000 long tons geschätzt worden. Inzwischen sei aber klargeworden, so führte der Vorsitzende aus, daß keinerlei Anzeichen mehr dafür sprechen, daß diese frühere Schätzung in naher Zukunft erreicht wird. Heute erkenne man allgemein an, daß die Produktionskapazität der meisten kapitalistischen Erzeugerländer immer mehr zurückgehen dürfte. Es lasse sich nicht mehr abstreiten, daß selbst in Malaya innerhalb der nächsten fünf bis zehn Jahre ein beträchtlicher Rücklauf der Produktion eintreten wird. Bekanntlich erzeugte Malaya im Jahre 1955 allein 34% der Weltproduktion an Zinn.

Sowohl im Zinnbergbau als auch bei den Zinnhütten muß es schließlich zu einem Rückgang der Förderung und der Produktion kommen, wenn nicht in absehbarer Zeit neue abbauwürdige Lagerstätten entdeckt werden. Von wenigen Ausnahmen abgesehen, seien aber derartige abbauwürdige Zinnlagerstätten seit den Jahren vor dem zweiten Weltkrieg in der kapitalistischen Welt nicht mehr gefunden worden. He.

Jugoslawiens Wismutproduktion

In der Produktion von metallischem Wismut steht Jugoslawien in Europa mit an erster Stelle. In der besonders reichen Lagerstätte von Trepta nahe der Raffinerie von Zvecan wird Wismut in Verbindung mit Blei- und Zinkerzen gefunden. Von der Menge der geförderten Blei-Zink-Erze hängt demzufolge auch die Wismutproduktion ab. Sie betrug 1946 17000 kg, 1950 56200 kg und 1960 105000 kg. Durch moderne Raffineriemethoden wurde eine hohe Qualität des metallischen Wismuts erreicht, wodurch Jugoslawien, das 5—8% der Weltproduktion erzeugt, zum ersten Wismutexporteur Europas wurde. Der Export stieg von 37600 kg (1950) auf 75000 kg (1960). Eine Steigerung der Produktion um 25 bis 30% wird für die nächsten fünf Jahre erwartet. Ha.

Neues Werk für Titanoxyd in Finnland

Im Mai 1961 lief in einem neuen Werk in Maetylnoto (Finnland) die Produktion von Titanoxyd an. Das Werk hat eine Jahreskapazität von 16000 t. Als Rohstoffe dienen die Ilmenitkonzentrate aus der Grube Otanmacki und Schwefelpyrite aus Harjawalta. Die Jahresproduktion an Titanoxyd soll nicht nur den Bedarf der chemischen Industrie Finnlands decken, sondern auch zum Teil exportiert werden. He.

Anwachsen des Kobaltverbrauchs

Das schnelle Anwachsen des Kobaltbedarfs in verschiedenen Industriezweigen, besonders bei der Herstellung von Magneten und Kobaltstählen, soll nach dem „Londoner Mining Journal" die Ursache für den steigenden Weltkobaltverbrauch sein. In den kapitalistischen Ländern wird im Laufe des nächsten Jahrzehnts eine Verdoppelung des Verbrauchs erwartet, der damit auf 31000 t ansteigen würde. Die Lieferung dieser Mengen macht keine Schwierigkeiten. Katanga, der größte Kobaltproduzent, wird 1961 seine Förderung auf 12000 t steigern und damit 4000 t mehr erzeugen als im Vorjahr. Auch Rhodesien konnte 1959 bereits 2150 t produzieren. Westdeutschland steigerte seine Produktion von 990 t auf 1470 t. In den USA ist dagegen die Kobalterzeugung von 1823 t im Jahre 1958 auf 742 t 1960 zurückgegangen, womit das USA-Kapital auf ein Absinken des Weltmarktpreises von 2,60 $ auf 1,50 $ je lb reagiert. Frankreich deckt seinen Bedarf aus marokkanischen Kobalterzen, die jedoch Arsen enthalten, das ausgesondert werden muß. Ha.

Sonstiges

Die Kaliindustrie der kapitalistischen Welt 1960/1961

In „Montan-Archiv", Nr. 53 vom 7. 7. 1961, wird eine Übersicht über die Entwicklung der Kaliindustrie im Jahre 1960 gebracht. Die Erzeugung der Hauptproduzenten der Welt an Kali wird für das Jahr 1960 wie folgt angegeben:

	in Mill. t. Reinkali
USA	2,30
Westdeutschland	1,98
DDR	1,60
Frankreich	1,45
UdSSR	1,25
Spanien	0,25
Israel	0,09

Kanada, das mit der Kaliförderung bereits im Jahre 1955 beginnen wollte, ist durch Bergschäden (Wassereinbrüche) steckengeblieben und wird erst 1961/1962 mit einer voraussichtlichen Erzeugung von 0,4 Mill. t in die Reihe der Kaliproduzenten eintreten.

Die Kalivorkommen in der durch ihre bedeutenden Erdöl- und Erdgasvorkommen bekannten Provinz Saskatchewan liegen in einem ca. 500 km langen „Kali"gürtel. Dessen wahrscheinlich sehr große Rohsalzmengen sollen einen doppelt so hohen K_2O-Gehalt aufweisen wie die gegenwärtig ausgebeuteten Kalivorkommen bei Carlsbad im Staate New Mexico (USA). Die in Schichten des Gotlandiums bzw. Devons auftretenden Lager Saskatchewans gehören wahrscheinlich zu den ältesten bisher bekannten Kalilagerstätten der Welt.

Die bisher reichsten Kalilager der USA wurden im Staate Utah entdeckt. Bis zum Jahre 1963 soll dort die Produktion rund 1 Mill. t Kali betragen. Die gesamte Förderkapazität der USA und Kanadas zusammen würde sich dann 1963 auf ca. 5,40 Mill. t erhöhen, wobei mit einem Kalikonsum von etwa 5 Mill. t für 1963 im nordamerikanischen Raum gerechnet wird.

In Israel soll die Kapazität der Kaliwerke am Toten Meer von der im Jahre 1961 erwarteten Kaliproduktion von 140000 t auf über 800000 t im Jahre 1965 erweitert werden.

Die effektiven Kalivorräte Westdeutschlands werden auf 2—20 Mrd. t geschätzt. Die Durchschnittsteufe der gegenwärtig in Betrieb befindlichen Werke liegt bei etwa 800 m.

Westdeutschlands Kaliproduktion entwickelte sich in den letzten Jahren wie folgt:

	(in t Reinkali)
1958	1711000
1959	1838000
1960	1980000

Der Export der einzelnen Länder für das Jahr 1958 wird von „Montan-Archiv" wie folgt angegeben:

	(in t Reinkali)
Westdeutschland	638000
DDR (nach kapitalistischen Ländern)	440000
USA	265000
UdSSR (nach kapitalistischen Ländern)	130000
Spanien	120000
Frankreich	72000

Im Jahre 1954 stieg der Kaliexport Westdeutschlands auf rd. 727000 t Reinkali = 38,8% des Gesamtabsatzes, das sind 14% mehr als 1958.

Interessant ist, daß die nach 1945 von den Westmächten unter dem Druck der öffentlichen Meinung pro forma angestrebte „Entflechtung" der deutschen Riesenkonzerne und Kartelle von der Kaliindustrie heute bereits wieder überwunden ist. Sehr bald wurde wieder eine „Verkaufsgemeinschaft Deutscher Kaliwerke GmbH" in Hannover gegründet, die bei den zuständigen Besatzungsstellen ein sogenanntes „Erlaubniskartell" beantragte, das am 10. Dez. 1959 als „Rationalisierungskartell" genehmigt wurde. Die Lieferanteile dieses Kartells sind auf die insgesamt acht in ihm zusammengefaßten westdeutschen Kaliproduzenten aufgeteilt, wobei sich die Wintershall AG mit 49,1%, der Salzdetfurth-Konzern mit 34,5% und die Kali-Chemie AG mit 11,4% selbstverständlich den größten Anteil sicherten.

Wie der Vorstandsvorsitzende der Kali-Chemie AG auf der HV vom 27. 6. 1958 ausführte, „hat dieses Kartell in erster Linie den Zweck, der (west)-deutschen Landwirtschaft zu helfen. Auf diese Weise wird sichergestellt, daß im ganzen Bundesgebiet die Landwirtschaft Kunstdünger zu gleichen Preisen unabhängig vom Standort beziehen kann."

Wie diese „Hilfe" für die westdeutsche Landwirtschaft aussieht, ergibt sich außer aus den Bilanzen der obigen Konzerne aus der Preisentwicklung für Kalisalzerzeugnisse in Westdeutschland. Wir entnehmen aus den OEEC-Berichten, herausgegeben von der „Organisation for European Economic co-operation", die Preisentwicklung von Kaliprodukten für die entsprechenden Düngejahre 1956—1960, also kurz vor

(Preise in t und umgerechnet in westdeutsche Mark)

Düngejahr	Kaliumsulfat	Kalisalz über 45% K_2O	Kalisalz 20—45% K_2O	Rohsalz mehr als 20% K_2O
1956/57	410,—	301,—	306,—	255,—
1957/58	410.—	302,—	307,—	257,—
1958/59	414,—	304,70	309,70	263,59
1959/60	415,—	317,48	323,53	280,31

und nach der Genehmigung des obenerwähnten „Erlaubniskartells" im Jahre 1959. Diese Preise sind auch für Westdeutschland gültig.

Die „Hilfe" des westdeutschen Kalikartells für die Landwirtschaft bestand also in den ständig steigenden Preisen für die so dringend benötigten Kalidüngesalze.

HESS

Bor in den kapitalistischen Ländern

Nach Ermittlungen von T. P. UNANJANZ, veröffentlicht in „Chemische Industrie", Moskau (1961), betragen die Gesamtvorräte der kapitalistischen Länder an borhaltigen Rohstoffen rd. 115 Mill. t (umgerechnet auf B_2O_3). Davon entfallen etwa 90% auf die USA.

Früher wurden borhaltige Rohstoffe hauptsächlich in Chile gewonnen, außerdem war die Türkei ein bedeutender Exporteur. Nach dem 1. Weltkrieg wurde dieser Industriezweig von den USA monopolisiert, so daß die Gewinnung von Bor in anderen Ländern fast eingestellt wurde.

In den USA liegen die hauptsächlichsten Vorkommen für B_2O_3-haltige Rohstoffe in Kalifornien und an den Salzseen. Zur Zeit werden etwa 500000 t jährlich gewonnen. 30% davon werden exportiert.

In Italien werden kleinere Mengen an Borrohstoffen (Borsäure) aus heißen vulkanischen Quellen gewonnen.

Argentinien produziert etwa 25000 t Borax jährlich. Die Vorräte dieses Landes betragen nach ersten Schätzungen etwa 6 Mill. t. —ul—

Feuerfeste Steine

Quarz hat einen Schmelzpunkt von nur 1470° C, reine Tonerde von 2050°, Kalk von 2300° und Ceroxyd von 2600°. Die obere Grenze der Beständigkeit feuerfester Steine liegt unter 2000° C, selbst für den hochwertigsten feuerfesten Stein, den Korund mit 99% Aluminiumoxyd. Magnesit- und Chromitsteine, Silica-, Siliziumkarbid- und Zirkonsteine mit 66,7% Zirkonoxyd verlieren in Ölbrennern mit Temperaturen zwischen 1600—1800° oft 11—7% an Gewicht. Am besten bewähren sich die zur neutralen Gruppe gehörenden 99%igen Korundsteine. Die Petrochemie bringt völlig neuartige Korrosionsprobleme für feuerfeste Steine, die deren Rohstoffbasis in Kürze weitgehend beeinflussen werden. E.

Schotter und Splitt

Nach „Die Wirtschaft" vom 26. 12. 1960 wird bis 1965 in der DDR die Produktion von Schotter auf 234%, die von Splitt auf 316% gesteigert werden. Die Gesteinsgewinnung in den Brüchen soll durch weitere Mechanisierung bei der Bewältigung des Vorabraums und der Rohsteingewinnung intensiviert werden. E.

Diamantbohrkronen

Mitarbeiter des Wissenschaftlichen Forschungsinstituts von Ufa entwickelten im Zusammenhang mit Moskauer Technikern neuartige Diamantbohrkronen. Bei der praktischen Erprobung der mit neuen Bohrdiamanten ausgestatteten Meißel im Ölfeldbetrieb von Schkapow zeigte sich, daß die Nutzungsdauer größer ist als bei den z. Z. im Einsatz befindlichen Meißeln. KLARNER

Meerwasser für die Wasserversorgung

Der gewaltig angestiegene und noch weiter ansteigende Wasserverbrauch in den Industrieländern nötigt dazu, eine zusätzliche Versorgung aus den unerschöpflichen Reserven der Weltmeere ernstlich in Betracht zu ziehen. Hier ist das Problem der Entsalzung des Meerwassers in erster Linie eine Kostenfrage. Durch neue Destillationsverfahren, besonders die Mehrstufenverdampfung, ist es jedoch gelungen, den erforderlichen Energieaufwand, der bei dem einfachen Verfahren etwa 740 kWh pro 1 m^3 Wasser beträgt, auf rd. 10 kWh zu senken. Die Entsalzung von Meerwasser hat daher im Laufe des letzten Jahrzehnts bereits einen erheblichen Umfang erreicht. Während nach Heft 1/61 der Zeitschrift „Aqua" 1950 nur insgesamt 7000 m^3 Meerwasser täglich entsalzt wurden, waren es 1960 bereits 100000 m^3 pro Tag. Nach Schätzungen, die Dr. G. S. GILLIAM (Washington) auf dem 5. Internationalen Wasserversorgungskongreß mitteilte, beliefen sich 1950 die Kosten von aufbereitetem Meerwasser auf 1,3 $/$m^3$, heute betragen sie nur noch 0,25 $. GILLIAM erwartet bei hinreichend großen Anlagen eine Senkung auf 0,16 $/$m^3$. Eine weitere Senkung der Kosten wird hoffentlich den Rückgriff auf die Ozeane, wenn er in großem Umfang notwendig wird, künftig noch erleichtern. Ha.

Kurznachrichten

Vierzig **Erdölbohrungen** werden 1961 nahe der Schwarzmeerküste des bulgarischen Teiles der **Dobrudscha** niedergebracht. Man hofft dabei bereits in 360—400 m Teufe Erdöl zu finden. Die mit sowjetischer Hilfe projektierte Erdölraffinerie in Burgas, die ebenfalls ihre Ausrüstung aus der Sowjetunion erhält, wird eine Kapazität von 2 Mill. jato haben.

Bei Pisticci in **Süditalien** wurde in 2000 m Tiefe ein neues **Erdölvorkommen** entdeckt.

Die **Erdölraffinerie** in **Bratislava** (erste Ausbaustufe bis 1965) wird nach ihrer Fertigstellung eine Jahreskapazität von 5 Mill. t erreichen.

In **Kanada** wird in den nächsten fünf Jahren mit einer Zunahme der **Erdölbohrungen** um 20% gerechnet. Da sich die Vorkommen in den USA mehr und mehr erschöpfen, gewinnt das Erdöl Kanadas für die USA zunehmende Bedeutung.

In Tema bei Akkra, der Hauptstadt von **Ghana**, wurde mit dem Bau einer **Ölraffinerie** begonnen, die für eine Kapazität von 1200000 t projektiert ist. Die italienische Ölgesellschaft Eni Agip ist an dem Unternehmen beteiligt.

Indien wird nach bisher abgeschlossenen Verträgen in diesem Jahre 1,4 Mill. t **Eisenerz** nach der ČSSR, Rumänien, Jugoslawien und Westdeutschland exportieren. Über die Lieferung weiterer 2,75 Mill. t, davon 2 Mill. t an Japan, wird noch verhandelt.

Nach der Erschließung der **Eisenerzvorkommen** am Bomvu Ridge in **Swaziland,** die etwa drei Jahre in Anspruch nehmen wird, sollen hier jährlich 1,2 Mill. t Erz gefördert werden.

Die Regierung der Republik **Guinea** hat einem westeuropäischen Bankenkonsortium die Konzession zur **Eisenerzförderung** in den Nimba- und Simandourbergen an der liberianischen Grenze gewährt. Die Vorkommen werden auf 200 Mill. t Erz mit einem Fe-Gehalt von mindestens 65% geschätzt.

Von den 11500 t **Chromerz,** die **Rhodesien** in diesem Jahr an Japan liefert, werden sich 1500 t zur Herstellung von Ferrochrom mit hohem Kohlenstoffgehalt eignen.

In der **ČSSR** sollen unter Verwendung von Chromerz aus Kuba feuerfeste **Chrommagnetitziegel** hergestellt werden. Wenn die durchgeführten Versuche den Anforderungen der Industrie entsprechen, dürfte die ČSSR zu einem bedeutenden Abnehmer des kubanischen Chromerzes werden.

Eine Jahresförderung von 34000 t **Nickel** jährlich wird von den neuen Produktionsanlagen in Thompson Manitoba (**Kanada**) erwartet.

In Oka **(Kanada)** wurde eine Aufbereitungsanlage für **Kolumbium** fertiggestellt, die zunächst 500 t Erz täglich verarbeitet, ihre Leistung aber auf 4000 t täglich erhöhen kann. Im Gebiet von Oka wurden auch 62,6 Mill. t **Niobiumerz** festgestellt.

In Boa Vista (**Brasilien**) wird eine Konzentrationsanlage für **Beryllium** gebaut. Die durch ein neues Flotationsverfahren gewonnenen Produkte sollen ausreichen, um 15% der Zunahme des Berylliumbedarfs der kapitalistischen Länder, der bis 1962 auf das zwei- bis dreifache anwachsen soll, zu decken.

Die in Niedersachsen konzentrierte **westdeutsche Kaliindustrie** hat 1960 den Ausstoß an Reinkali um rd. 0,14 Mill. t auf 1,98 Mill. t. erhöht. Der Exportanteil stieg von 40% auf 42% des Gesamtabsatzes. Westdeutschland liefert etwa 27% des Gesamtbedarfs der kapitalistischen Länder an Reinkali.

Für 1961 wird eine **Rohschwefelerzeugung** von 1,2 bis 1,5 Mill. t in **Lacq** erwartet, das entspricht etwa dem gesamten Jahresverbrauch Westeuropas.

In **Kasachstan** wurden etwa 10 Mill. t **Vitrophyr** entdeckt, ein dunkelgraues Naturglas, das bei der Beton- und Zementherstellung und auch als Wärmeisolator gut verwendbar ist.

In den nächsten Heften
der
Zeitschrift für angewandte Geologie

erscheinen u. a. folgende Beiträge:

F. STAMMBERGER: Die bewußte Anwendung der Dialektik — Grundvoraussetzung eines wissenschaftlichen Arbeitsstils

W. MEHNER: Kiessand-Lagerstätten der Bezirke Potsdam, Frankfurt, Cottbus

F. MITURA & Z. OLEWICZ: Die wichtigsten Richtungen bei der Entwicklung der Sucharbeiten auf Erdöl- und Erdgaslagerstätten in Polen

H. J. ROGGE: Zur Erkundungsmethodik litoraler Schwermineralseifen an der südlichen Ostseeküste

O. WAGENBRETH: Wahre und scheinbare Mächtigkeit geneigter Schichten in Saigerbohrungen und ihr Einfluß auf Vorratsbegrenzung und Vorratsberechnung von Flözlagerstätten

W. I. SMIRNOW: Erfahrungen bei der Gliederung des Territoriums der UdSSR in metallogenetische Provinzen

G. SCHULZE, C. GREULICH & H. SEYFERT: Untersuchungen am Grauen Salzton im Spaltendiapir des oberen Allertales

F.-W. WAGNER: Die magnetische Anomalie von Delitzsch

J. VRBA: Darstellungsmethoden der hydrochemischen Verhältnisse auf hydrogeologischen Karten

Herausgeber: Staatliche Geologische Kommission und Zentrale Vorratskommission für mineralische Rohstoffe der Deutschen Demokratischen Republik. Für die kollektive Chefredaktion: Dr. K. KAUTER (Redaktionssekretär), Berlin. Redaktion: Berlin N 4, Invalidenstraße 44. Verlag: Akademie-Verlag GmbH, Berlin W 8, Leipziger Straße 3—4 (Fernsprecher 220441, Telex 011773, Postscheckkonto: Berlin 35021). Bestellnummer des Heftes 1047/7/11. Die „Zeitschrift für angewandte Geologie" erscheint monatlich. Bezugspreis 2,— DM je Heft. — Satz und Druck: Druckhaus „Maxim Gorki", Altenburg. Veröffentlicht unter der Lizenznummer ZLN 5008 des Ministeriums für Kultur. Karten: MdI der DDR, Nr. 6561, 6717 /K 11.

FSC
www.fsc.org
MIX
Papier | Fördert gute Waldnutzung
FSC® C083411

Zeitfracht Medien GmbH
Ferdinand-Jühlke-Straße 7
99095 Erfurt, Deutschland
produktsicherheit@kolibri360.de